Dirk Decker

PASSION
NIEDERWILDJAGD

Müller Rüschlikon

Einbandgestaltung: R2 I Ravenstein, Verden

Titelfoto: ©Agustin/stock.adobe.com; Foto auf der Cover-Rückseite: @tierfoto-guenzburg/stock.adobe.com; Autorenfoto auf der Cover-Rückseite: Archiv Dirk Decker

Bildnachweis: Die Bilder im Innenteil stammen von Dirk Decker bzw. Mitgliedern der jeweiligen Jagdgruppe. Alle weiteren Bildquellen stammen von Adobe Stock/stock.adobe.com und finden sich direkt am entsprechenden Foto.

ISBN 978-3-275-02297-7

Postfach 103743, 70032 Stuttgart

Ein Unternehmen der Paul Pietsch Verlage GmbH & Co. KG

1. Auflage 2023

Sie finden uns im Internet unter www.mueller-rueschlikon-verlag.de

Gesamtleitung: Claudia König

Lektorat: Angelika Glock, www.wuppermanufaktur.de

Innengestaltung: Angelika Glock, www.wuppermanufaktur.de

Druck und Bindung: Graspo CZ, 76302 Zlin

Printed in Czech Republic

©adamfichna/stock.adobe.com

Inhaltsverzeichnis

Vorwort

„Du hast doch die Passion in die Wiege gelegt bekommen!“ Wie oft habe ich diesen Satz schon gehört. Natürlich ist es ein Privileg in einer Jägerfamilie mit eigenem Jagdrevier aufzuwachsen, aber ist das gleichbedeutend mit einer ausgeprägten Liebe zur Jagd? Warum hat es meine Geschwister nicht so „gepackt“ wie mich? Warum kommt mir beim Anblick einer Elster im Garten als Erstes in den Sinn, aus welchem Fenster ich diese wohl am besten erlegen könnte? Was treibt mich um, wenn ich nächtelang bei Mond und bitterer Kälte auf einer Ansitzleiter ausharre und am Luderplatz nach Füchsen Ausschau halte?

Natürlich geht der Blick bei der Spurensuche auf der eigenen Fährte weit zurück. Vorbei an unzähligen Personen und Erlebnissen bis zu den Tagen, als der Geruch von feuchtem Loden und nassem Hund meine Kindheit prägte. Als die bunten Federn der Fasanenhähne, die vollen Patronengürtel mit dem angeklemmten Hühnergalgen und die Frage „Wer ist denn gestern Jagdkönig geworden?“ wichtiger waren als Legosteine oder die Sendung mit der Maus.

Das Beutemachen steckt im Kind, sei es beim Fangenspielen, Sammeln von Panini-Karten oder als Begleiter auf der Jagd. Zusammen mit vertrauten Menschen die Natur erfahren, verstehen lernen und den Tod als natürlichen Bestandteil des Lebens begreifen. Den Zusammenhang zwischen der Erlegung eines Wildtieres und dem Braten auf dem Teller erkennen. Für all dies wird der Grundstein in der Kindheit gelegt.

Die Verantwortung, die der Jäger bei der Tötung eines Stücks Wild übernimmt, kommt erst später, ist aber umso wichtiger. Dabei muss sich der Jäger stets bewusst sein, dass er Leben nimmt. Erfolgt dies mit Respekt vor der Kreatur, verkommt Jagdpassion nicht zur reinen Hatz, sondern entwickelt sich zu einem erfüllenden Lebensgefühl. Die Leidenschaft, die Natur zu erleben, dem Wild nachzustellen, das Kribbeln des Jagdfiebers zu spüren und natürlich auch Beute zu machen, das alles macht die Faszination der Jagd aus. Gelingt dem Jäger eine ausgewogene und gesunde Symbiose zwischen diesem Trieb und der Ehrfurcht vor der Natur, entsteht wahre Jagdpassion.

Dirk Decker
August 2023

Die Anfänge

©adamfichna/stock.adobe.com

Längst ist der Ort Geschichte und den unnachgiebigen Schaufelradbaggern der linksrheinischen Braunkohletagebaue zum Opfer gefallen. Die besten Verstecke auf dem ausladenden Vierkanthof, der vielversprechendste Platz für die Taubenjagd am Abend unter den schirmartig wachsenden Eiben im großen Park, das reparierte Fenster in der Villa meiner Großmutter, das bei der Elsternjagd einen Einschuss hinnehmen musste, alles existiert nur noch in meinen Erinnerungen. Aber es ist nach wie vor präsent, weil es prägend war.

Mein Zuhause, das Rittergut Haus Pesch, wurde erstmals Mitte des 13. Jahrhunderts erwähnt und gelangte Ende des 19. Jahrhunderts in den Besitz meiner Familie. Anfang der 30er-Jahre wurde der bis dahin verpachtete landwirtschaftliche Betrieb von meinem Großvater, einem promovierten Volkswirt, übernommen.

1934: Grundsteinlegung Villa Haus Pesch

1934: Bauarbeiten an der Villa Haus Pesch

Noch vor dem Zweiten Weltkrieg legte er westlich der Hofanlage den Grundstein für die vom Düsseldorfer Architekten Walter von Wecus geplante Villa Haus Pesch und bettete diese in einen großen, parkartig angelegten Garten ein.

1950: Die Jagd war ein gesellschaftliches Ereignis

Nachdem das Jagdrecht 1949 von den Besatzungsmächten wieder auf die Landeigentümer übertragen wurde, fanden auf den Äckern rund um Haus Pesch auch wieder größere Hasentreibjagden statt.

1957: Morgendliche Ansprache im Beisein meiner Großmutter

Jagdherr war mein Großvater. Er war nicht der passionierteste Jäger, und so erfüllte die Jagd eher einen gesellschaftlichen Zweck. Die Hasenstrecken waren überschaubar, die steifen Lodenmäntel gängiges Outfit, und die Flinten wurden noch geschlossen auf dem Schützenwagen getragen. Gedanken über den Erhalt unserer gewachsenen Natur- und Kulturlandschaft, geschweige denn über die Nachhaltigkeit der Jagd, machte sich zu jener Zeit kaum jemand.

1957: Bankdirektor Heussen auf dem Schützenwagen

1957: Landarbeiter Schwermer auf dem Wildwagen

Mit der Jagd aufwachsen

Schon mein Vater wuchs in diesem landwirtschaftlich und jagdlich geprägten Umfeld auf. Auch er wurde als Heranwachsender von Hubert, dem damaligen Kürschner aus Rheydt, jagdlich an die Hand genommen. Onkel Hubert, wie wir Kinder ihn nannten, wurde von meinen Großeltern als Jagdaufseher eingesetzt und kümmerte sich fortan gut 30 Jahre lang um unser Revier in Pesch. Durch den frühen Tod meines Großvaters standen für meinen Vater zunächst Ausbildung und später Übernahme des landwirtschaftlichen Betriebes auf der Lebensagenda. Den Jagdschein machte er erst mit 20 Jahren. Nur ein Jahr später tat es ihm meine Mutter gleich, und der Grundstein für eine Kindheit in einem jagdlich geprägten Elternhaus war gelegt.

Eine jagende Frau in den von Geschäftsleuten, Aristokraten und Landwirten geprägten Jagdgesellschaften anzutreffen war Anfang der 60er-Jahre durchaus noch ziemlich ungewöhnlich. Es gehörte schon einiges an Durchsetzungsvermögen dazu, sich hier zu behaupten. Aber auch meiner Mutter stand Onkel Hubert immer als Mentor zur Seite. Eine ausgeprägte Passion und gutes jagdliches Können, gepaart mit dem notwendigen Selbstbewusstsein, bescherten ihr eine große Akzeptanz in fast allen Jagdgesellschaften. Dies war für uns Kinder eine wichtige Erfahrung. Nie war für uns die Jagd eine reine Männerdomäne, vielleicht war sie sogar eher weiblich geprägt, da wir häufiger mit unserer Mutter als mit unserem Vater zur Jagd gingen. Auf alle Fälle waren wir immer Teil dieser Leidenschaft unserer Eltern, wurden überallhin mit zur Jagd genommen und natürlich schon früh mit passenden Jagdhüten und Plastikflinten ausgestattet. Auch der erste Jagdhund als zusätzliches Familienmitglied sollte bereits in jungen Jahren folgen. Der blonde Rauhaardackel meiner Großmutter war schon von Geburt an mein Begleiter, als

1967: Die Deutsch-Kurzhaar-Hündin Cora war der erste Jagdhund im Haus

Jagdhund jedoch völlig unbrauchbar, und als ich zwei Jahre alt wurde, gesellte sich mit Cora, der einfarbig braunen Deutsch-Kurzhaar-Hündin, der erste Jagdhund hinzu.

Wann der richtige und passende Zeitpunkt ist, den Nachwuchs mit auf die Jagd zu nehmen, ist sicherlich von Kind zu Kind verschieden. Wir durften unsere Eltern schon sehr früh begleiten, wurden dabei von ihnen aber auch immer behutsam an die Jagd herangeführt. Das prächtige Gefieder der Fasanenhähne hat uns fasziniert, den toten Vogel haben wir in diesem Moment nicht gesehen. So wuchsen wir in und mit der Natur auf und wurden zu einer realitätsnahen Bodenständigkeit erzogen. Die Jagd war in unserer Familie immer mit großer Wertschätzung verbunden und hatte stets den Stellenwert eines generationsübergreifenden Bindeglieds in unserem Zusammenleben.

1967: Was für ein prächtiger Vogel!

Onkel Hubert – Die Schlüsselperson

Es war Mittwoch, und der Schulbus fuhr wie immer an unserem Haus vorbei zur Bushaltestelle am Ende des Dorfes. Vor dem Tor stand der beigefarbene Mercedes von Onkel Hubert, was uns ein Lächeln auf die Gesichter zauberte. Jetzt schnell nach Hause, den Schulranzen in die Ecke geworfen und mit unserer Mutter, Hubert und unserer Hündin Cora auf in die Rüben zum Fasanenjagen! Onkel Hubert war kein echter Onkel, sondern nur ein Nennonkel und schon seit gefühlt ewigen Zeiten Jagdaufseher in unserem Revier. Längst war er auch ein guter Freund der Familie. Von Beruf Kürschner, war er einer der passioniertesten Jäger, die ich in meinem Jägerleben kennenlernen sollte. Er war schon an die 70 Jahre, aber regelmäßig ein- bis zweimal pro Woche in unserem Niederwildrevier, um nach dem Rechten zu sehen oder mit meinen Eltern und uns Kindern jagen zu gehen.

Die Kastenfallen standen das ganze Jahr fängig, im Frühjahr kamen die Wippbrettfallen hinzu, es wurden Gelege mit vergifteten Eiern drapiert und Nester von Krähen und Elstern ausgeschossen, den Jungfüchsen am Bau nachgestellt, Fütterungen und Tränken beschickt und Tauben sowieso das ganze Jahr bejagt. Arbeit gab es in einem Niederwildrevier genug, bevor im Herbst die Ernte eingefahren werden konnte. So ging Onkel Hubert über das ganze Jahr hinweg bei uns ein und aus. Im Sommer brachte er uns manchmal einen Becher Eis mit, der bei seiner Ankunft meist schon geschmolzen war. Fruchteis auf Wasserbasis, nicht gerade mein Lieblingseis, aber dennoch genossen wir seine Zuneigung. Zu den Schüsseltreiben der größeren Jagden brachte er seine Frau Edith mit, seine beiden sportbegeisterten Söhne sahen wir allerdings selten. Am Tag vor Heiligabend wurde in seinen Geburtstag hinein gefeiert. Für uns Kinder ein anstrengendes Event, das stets um 24.00 Uhr mit einem im Kanon gesungenen Geburtstagslied

1973: Onkel Hubert bei einer Jagd auf Schloss Lauersfort

„Wir kommen all und gratulieren unserem Hubert zum Geburtstag heut“ endete. Nach dem Piddeln auf Fasanen noch ein paar Schnittchen, ein oder zwei Bier und eine Runde Skat mit meinen Eltern. Wir waren bis zum Zubettgehen stets dabei und lauschten begeistert seinen spannenden Jagdgeschichten.

Onkel Hubert beim Frettieren

Natürlich sind in der Regel die Eltern die ersten und meist entscheidenden Vorbilder für ihre Kinder und prägen sie für ihr ganzes Leben. Mit zunehmendem Alter bekommen neben diesen aber auch mehr und mehr andere Verwandte oder der Freundeskreis eine größere Bedeutung. Je größer dabei das Ansehen einer dieser Personen, desto eher wird sie vom Kind als Vorbild anerkannt. Dabei spielen Sympathie und eine emotionale Bindung eine wichtige Rolle. Die Eltern schaffen also die Basis und führen ihre Kinder an die Jagd heran. Ob sie aber zur Schlüsselperson, also zum Auslöser für ein passioniertes Jägerleben werden, resultiert daraus nicht zwangsläufig. Oft sind es die Großeltern, andere Verwandte, der Nachbar oder ein guter Freund, die sich der Jagd verschrieben haben und zum jagdlichen Vorbild werden. In meinem Fall war dies ganz sicher Onkel Hubert. Seine leidenschaftliche Hingabe und Begeisterung für die Jagd haben mich berührt, seine Zielstrebigkeit und Zähigkeit haben mich fasziniert, und so legte er den Grundstein für meine lebenslange Passion.

Onkel Hubert bei der Fallenjagd

Nun geht natürlich auch jedes Jägerleben einmal zu Ende. Onkel Huberts Sehkraft ließ mit zunehmendem Alter immer mehr nach. Der Graue Star, damals noch nicht adäquat behandelbar, machte ihm zusehends zu schaffen. So wurden die Brillengläser immer dicker und die Leuchtkörner immer voluminöser. Aber nach einem langen und erfüllten Jägerleben einfach aufhören zu jagen, das fiel ihm unsagbar schwer. Bis es wirklich nicht mehr ging, gab er sein Bestes. Bis es wirklich nicht mehr ging, bemühten wir uns, ihn teilhaben zu lassen. Aber danach, ja danach schien jeglicher Lebenssinn verloren.

Piddeln – Woche für Woche

Im Rheinland nennt man es Piddeln, in anderen Regionen Stokeln. Gemeint ist die Jagd mit einer kleinen Gruppe von Jägern und ihren Hunden auf einer kleinen begrenzten Fläche des Reviers. Meist werden dabei Vorstehhunde eingesetzt, die das Wild anzeigen, auf Veranlassung des Jägers hochmachen und ihn so sicher zu Schuss kommen lassen.

1975: Piddeln mit guten Freunden
(Hubert, Josef, mein Bruder, Karl, ich, unsere Mutter, Hans-Philipp, Rolf)

Im mit nur etwa 200 Einwohnern sehr überschaubaren Ort Pesch arbeiteten während meiner Kindheit noch sechs Landwirte. Die Feldflur war klein strukturiert und die Flurbereinigung noch in weiter Ferne. Es dauerte ewig, bis eine Parzelle Rüben mit dem einreihigen Roder geerntet war. Jeden Tag fuhren die Landwirte nur einen Zug Rüben in Richtung der Zuckerfabriken in Ameln, Elsdorf oder Jülich. Zeit genug, um die Rübenparzellen im Herbst über mehrere Wochen auf Hühner und Fasanen zu bejagen. Woche für Woche liefen meine Mutter und Onkel Hubert ab Mitte September die schmalen Parzellen ab. Wir Kinder dazwischen und unsere Hündin Cora immer unter der Flinte. Das Umsetzen von Feld zu Feld erfolgte stets mit Onkel Huberts Mercedes. Der Hund kam in den Kofferraum, die geschossenen Hühner und Fasanen wurden im Fußraum hinter dem Fahrer abgelegt, und wir Kinder nahmen auf der Rücksitzbank Platz. Wurde es uns zu anstrengend, setzten wir einfach die ein oder andere Parzelle aus und duellierten uns mit langen Schossern (Schosserrüben sind Unkrautrüben, die schon im ersten Jahr blühen und dabei lange und dicke, aufrechte Triebe bilden).

Gesellig war diese Art von Jagd und niemals von Hektik geprägt. Mein Vater brachte Kaffee und Kuchen ins Feld, und bei sonnigem Wetter wurde kurz innegehalten. Bei schlechtem, regnerischem Wetter wurde die Jagd sofort eingestellt oder erst gar nicht begonnen. Die nächsten Tage würden sicherlich wieder besseres Wetter bringen.

Die Nachmittagsstrecken waren meist eine Handvoll Fasanen und das ein oder andere Kaninchen. Gelang es Cora, einen Fuchs zu packen, kam auch dieser hinzu. Aber das war wirklich selten. Hasen wurden beim Piddeln nie bejagt. Ihnen wurde ausschließlich auf der einmal jährlich meist Ende Dezember oder Anfang Januar stattfindenden großen Hasentreibjagd nachgestellt.

1979: Onkel Hubert nach dem Piddeln mit meiner Mutter und meinem Vater

Wenn sich die Dämmerung ankündigte, ging es mit Onkel Hubert dann noch in den Park zum Taubenjagen. Bevor die Girrvögel ihre Schlafplätze in der Fichtendickung einnahmen, fielen sie zunächst in den Birken am Rand des kleinen Wäldchens ein. Die darunter schirmartig wachsenden großen Eibenbüsche gaben dem Jäger die notwendige Deckung. Dennoch durfte man sich kaum bewegen, bis die kreisenden Schwärme endlich eingefallen waren und Onkel Hubert mit sicherem Schuss eine von ihnen aus den Bäumen holte. Lagen genug, wurden wir Kinder zum Einsammeln geschickt, den Blick immer gen Himmel, ob nicht schon der nächste Schwarm im Anflug war. So brachte der Jagdtag schnell 10 bis 15 Stück Wild auf die Strecke.

Der 6 ha große Park um Haus Pesch

Heute ist diese Art der Jagd leider nur noch selten möglich. Die Niederwildstrecken sind massiv zurückgegangen und erholen sich, regional unterschiedlich, nur partiell und in größeren Zeitintervallen. Jagdmöglichkeiten auf Fasan, Kaninchen und Co sind heutzutage absolute Mangelware. Die Feldflur hat sich verändert, die einzelnen Schläge sind im Zuge der Flurbereinigungen immer größer geworden. Ebenso die Maschinen, und so dauert es heute nur noch etwa einen halben Tag, eine schier endlos scheinende Rübenparzelle zu ernten. Die Jagerei hat deshalb ihren Schwerpunkt heute vielerorts in der Schalenwildjagd. Ansitze und revierübergreifende Drückjagden auf Reh- und Schwarzwild sind oft die ersten Jagdmöglichkeiten, die sich einem Jungjäger bieten. Eine peu à peu erarbeitete innere Jagdreife ganz nach dem Motto „Erfahrung ist die beste Lehrmeisterin" findet sich kaum mehr, geschweige denn ist sie heute noch angesagt. Oft liegen vor dem ersten Fasan oder Kaninchen bereits Keiler oder Hirsch auf der Strecke. Aus meiner Sicht keine gute Entwicklung, aber sicherlich auch bis zu einem gewissen Grad der aktuellen Situation geschuldet.

Unikate – Frette-Jupp und seinesgleichen

In den alten Dorfgemeinschaften besaß die Jagd lange einen hohen Stellenwert. Neben dem Bürgermeister, dem Pfarrer und dem Lehrer gehörte der Jäger zu den Respektspersonen im Ort. Die herbstliche Hasentreibjagd war, wie die Fronleichnamsprozession oder das Schützenfest, ein fester Punkt in der dörflichen Jahresplanung. Nicht nur die Bauern ohne Jagdschein, sondern auch viele andere Dorfbewohner waren als Treiber oder Fahrer wichtiger Bestandteil einer jeden Jagdgesellschaft.

1989: Willi, ehemals Wilderer, später Jagdaufseher

Für manche war es nur ein eintägiges Jagderlebnis, andere, die ihre jagdlichen Ambitionen meist aus finanziellen Gründen nicht mit dem Jagdschein legitimieren konnten, nahmen hingegen Nischen ein, die es ihnen ermöglichten, ihre Passion ohne offizielle Erlaubnis auszuleben. Sei es als Halter von Frettchen zur Kaninchenjagd, Bauhundeführer oder manchmal auch als Wilderer.

Die Flinte des Großvaters auf dem Traktor kostete so manchem Hasen noch vor der Treibjagd das Leben. Willi, der mit 140 kg sehr beleibte ehemalige Landwirt, war für seine Geradlinigkeit, aber auch für seine Schlitzohrigkeit bekannt und hatte bei der Feldarbeit immer eine Waffe parat liegen. Erst im angehenden Rentenalter machte er den Jagdschein, bis dahin wilderte er mit allen erdenklichen Kniffen und Tricks. Einige Jahre war er Jagdaufseher in unserem Revier und erzählte mir stolz, wie er früher Rosinen in Alkohol tränkte, den Fasanen zum Fraß auslegte und die Angetrunkenen schließlich mit der Hand fangen konnte. Er wusste, wie man Schlingen legte, Fallen stellte, Netze anbringen musste und wo sich der krankgeschossene Hase nach der Treibjagd drückte. Diese Erfahrungen kamen ihm nun als Jagdaufseher zugute. Dass ehemalige Wilderer oft die besten und passioniertesten Jäger wurden, daran war tatsächlich etwas Wahres dran.

Und natürlich Frette-Jupp, der gedrungene Mann mit der Schlägermütze aus dem Nachbarort Unterwestrich. Er hielt Frettchen wie andere Kaninchen. Im Stall hortete er sie in übereinander angeordne-

Frette-Jupp am Bau

ten Käfigen, eine ganze Wand voll. Es waren bestimmt an die Hundert Exemplare der kleinen Stinkmarder. Ein strenger Geruch schlug einem entgegen, wenn man den Stall betrat. Es roch nach einer Mischung aus Bienenhonig, Moschus und verbranntem Kabel. Ein undefinierbarer, süßlicher Geruch eines Sekrets, das aus den Analdrüsen der domestizierten Iltisse stammte und von diesen vor allem in Stresssituationen ausgestoßen wurde. Hinzu kam der Gestank von Aas, das Frette-Jupp an seine tierischen Jagdhelfer verfütterte. Ganz schlimm wurde es, wenn er mal wieder einen Jungfuchs aufzog. Über diesen Spleen berichtete sogar einmal die Regionalpresse: „Der Mann, der mit seinem Fuchs spazieren geht".

Unvergessen war das gemeinsame Frettieren mit meiner Mutter und Onkel Hubert. Wir Kinder durften leider nur selten dabei sein, da die Jagd in unübersichtlichem Gelände nicht ganz ungefährlich war und wir zumeist im Weg standen. Aber manchmal konnten wir unsere Eltern doch überreden und staunten, hinter den Schützen kauernd, über deren Flintenfertigkeiten. Dort, wo zu wenig Platz war, einen schnellen Schuss hinwerfen zu können, oder dort, wo das Jagen mit der Flinte verboten war, wurde mit Netzen gejagt. Diese wurden in Autobahnböschungen vor die Löcher der Baue gespannt, möglichst ohne eine Fluchtmöglichkeit zu übersehen. Schnell musste man sein, wenn die Karnickel sprangen und man sie rechtzeitig mit der Hand packen und abfangen wollte.

Aber nicht nur hier war Frette-Jupp in seinem Element. Als Treiber auf einer Hasentreibjagd warf er sich einmal wie vom Blitz getroffen ins hohe trockene Gras und fing ein Kaninchen mit der Hand. Keiner von uns hätte den grauen Flitzer in seinem Versteck entdeckt, geschweige denn ihn mit den Händen zu fassen bekom-

1975: Frette-Jupp mit Elisabeth im unterirdischen Mergelloch

men. Auch am Fuchsbau zeigte er seine wahre Passion und ließ, wie seine Terrier, so lange nicht locker, bis Reineke endlich zur Strecke gebracht worden war. Im mannshohen unterirdischen Mergelloch, das sich bei Feldarbeiten im Nachbarrevier Gut Spenrath aufgetan hatte, schoss er den Fuchs mit seinem Revolver in der Endröhre. Nicht auszudenken, was passierte wäre, hätte die Erde über ihm nachgegeben und ihn unter sich begraben. Gott sei Dank ist damals nichts passiert, und so hatte Frette-Jupp noch viele jagderfüllte Jahre, bis er schließlich eines Tages an einem Fuchsbau einen Herzinfarkt erlitt und verstarb.

Fast überall gab oder gibt es solche Unikate. Ihre wilden Geschichten werden immer wieder auf der ein oder anderen Jagd zum Besten gegeben, und diejenigen, denen sie nicht bekannt waren bzw. die sie nicht kennen, vermuten bisweilen, darin das ein oder andere Jägerlatein zu erkennen. Aber es gibt sie wirklich, und allen ist ihre besondere Passion für die Jagd gemein. Sie haben sich voll und ganz der Jagd verschrieben, mit oder ohne Jagdschein und meist bis zum letzten Atemzug.

Treiberwehren – Da gab es sie noch!

Sooft es möglich war, wurden wir von unseren Eltern mit zur Jagd genommen, aber an der großen Hasentreibjagd gegen Ende des Jahres, dem Höhepunkt jedes Jagdjahres, durften wir in jungem Alter nicht teilhaben und mussten konsequent zu Hause bleiben. Natürlich haben wir dies nicht im Geringsten verstanden. Wir wussten doch längst, wie man sich auf der Jagd zu verhalten hatte: Beim Angehen ruhig sein, immer hinter den Schützen bleiben, die Reihe halten, nicht vor die Kette laufen, das erlegte Wild zum Wagen tragen und die Strecke richtig legen. Wir kannten uns doch besser aus als der ein oder andere Jäger! Warum wurden wir also von dieser Jagd ausgeschlossen? Es half kein Bitten und kein Betteln, ein zweistelliges Alter musste erreicht sein, bis wir endlich auch hier dabei sein durften.

1973: Treiber Pitter

Natürlich hatten unsere Eltern recht. Die Hasentreibjagden begannen meist frühmorgens und gingen bis zum späten Nachmittag, und bei winterlichem Wetter waren sie für kleine Knirpse durchaus kräftezehrend. Einen erlegten Hasen mit seinen knapp 4 kg Gewicht schafften wir wohl noch eine überschaubare Strecke weit, aber wenn es zwei oder mehr wurden und diese dann auch noch mehrere Hundert Meter bis zum Ende des Treibens getragen werden mussten, kamen wir Kinder schnell an unsere Grenzen. Nicht alle Schützen auf einer Treibjagd waren zudem versierte und erfahrene Jäger. Manche wurden vorwiegend aus gesellschaftlichen Gründen eingeladen und hielten es mit den notwendigen Sicherheitsregeln nicht immer so genau. Wenn schon andere Jäger darum baten, nicht einen Stand neben dem Herrn im Lodenmantel mit dem Spitznamen „Graf Grinsing“ zu bekommen, so sollten wir Kinder schon gar nicht erst einer möglichen Gefahr ausgesetzt werden.

Aber mit dem Wechsel von der Grundschule auf das Gymnasium war es endlich so weit, wir durften nach der morgendlichen Ansprache meines Vaters zum ersten Mal den Treiberwagen erklimmen und uns in die Reihe der erfahrenen Treiber und Durchgehschützen einordnen. Wir waren mächtig stolz, auch wenn sich das Treiberdasein zunächst nur auf unsere eigene Jagd beschränkte. Bei Jagden in anderen Revieren waren wir eher selten mit von der Partie. Eine Ausnahme war die Treibjagd auf dem wenige Kilometer entfernten Roitzerhof bei unserem guten Jagdfreund, dem Banker Franz-Josef, und seinem Bruder, dem Landwirt Carl-Heinz. Die Jagdgesellschaft hatte eine überschaubare Größe, und auch andere Gäste brachten ihre Kinder mit. Neben einer guten Hasenstrecke fielen hier auch zahlreiche Fasanenhähne und einige Enten. Eine abwechslungsreiche Jagd, die stets abends im ansonsten selten genutzten Saal des Hofhauses beim gemütlichen Schüsseltreiben endete.

1978: Treiberwagen

Noch ganz ohne die heute vorgeschriebene Warnkleidung, manche trugen immerhin die damals gängigen gelben Watstiefel mit Stulpen an den Füßen und hielten klappernde Holz-Räppelchen in den Händen, gaben wir unser Bestes, das Wild auf die Läufe zu bringen. Schnell entwickelten wir einen Blick für den Hasen, der sich in der Sasse drückte und hoffte, dass die Treiberwehr ihn übersähe. Hatten wir ihn entdeckt, machten uns die erfahrenen Treiber vor, wie man diesen in Richtung der Schützenkette aus der Sasse trat. Zufrieden sahen wir den Hasen am Ende des Treibens über Kopf gehen, enttäuscht waren wir, wenn er von den Vorstehschützen gefehlt wurde.

In den Zeiten der großen Hasentreibjagden ergab sich bei der Suche nach Treibern kein wirkliches Problem. Natürlich war der Hase von der Strecke, als Dank für die geleisteten Treiberdienste, eine gern gesehene Geste und zudem eine wohlschmeckende Abwechslung in der Küche, aber im Grunde traf sich Jung und Alt aus dem Dorf der Geselligkeit wegen. Auf dem Wagen wurde bei kaltem Wetter – natürlich an den Jugendlichen vorbei – die Flasche Korn herumgereicht, und auch sonst war die Stimmung redselig und ausgelassen. Die meisten waren Jahr für Jahr dabei und verstanden ihr Handwerk ausgezeichnet. Sie wussten, dass Meiser Lampe meist gegen den Wind in der Sasse lag, erkannten den sich drückenden Hasen schon auf viele Meter, umschlugen ihn gekonnt, um ihn dann gen Schützen aus der Sasse zu werfen. Sie hatten einen Blick dafür, ob der Hase auch genügend Schrote abbekommen hatte, und schauten diesem lange nach, bis er zunächst langsamer wurde und dann urplötzlich verendet umfiel. Wenn er sich aber doch noch krank in der Furche drückte, gingen sie ihm gezielt nach und kamen stolz mit der Beute zurück. Ohne genügend erfahrene Treiber war diese Art von Jagd nicht denkbar. Beim abendlichen Schüsseltreiben genossen sie es, vom Jagdherrn eingeladen worden zu sein, und hofften, beim Hasenhexen den Jägern mit ihrer Stammkarte oder den günstig versteigerten Treiberkarten einen der begehrten Geldpreise wegschnappen zu können.

Beim Gesellschaftsspiel „Hasenhexen" erhält jeder Teilnehmer zunächst eine günstige Stammkarte, die anderen Karten werden meistbietend versteigert. Der Auktionator, auch Hexenmeister genannt, bemüht sich hierbei auf lustige Art und Weise, den Preis für die Karten mit allen möglichen Tricks in die Höhe zu treiben. Ruft er das Wort „Silentium" aus, kostet jedes laut gesprochene Wort einen Preisaufschlag, und zugeschlagen werden die Karten natürlich erst beim dritten Mal. Sind alle Karten in der Gesellschaft verteilt, werden zunächst die Preise ausgestattet. Dabei werden nicht nur die Einnahmen, sondern auch einzelne Hasen von der Strecke ausgelobt. Anschließend werden Nieten und zum Ende hin vermehrt Preise gezogen. Sind nur noch wenige Nieten im Topf, wird untereinander der Handel von Karten freigegeben. Der Erfolg des Spiels ist sehr vom Geschick des Hexenmeisters abhängig. Versteht er es, wortgewandt, witzig und manchmal auch provokant durch das Spiel zu führen, ist das Hasenhexen eine lustige Bereicherung für jede Jagdgesellschaft.

Mit dem Rückgang der Hasenbesätze, den geringer werdenden Strecken und folglich immer seltener stattfindenden Treibjagden änderte sich auch die Bereitschaft, als Treiber den Jägern zur Hand zu gehen. Die Älteren konnten körperlich einfach nicht mehr so wie früher. Den ganzen Tag bei schwerem Geläuf über den Acker laufen war für sie nunmehr einfach zu anstrengend. Und die Jüngeren? Sie verloren nach und nach jeglichen Bezug zur Jagd. Sucht man heute nach geeigneten, passionierten Treibern, sucht man meist vergeblich.

1985: Mein Bruder als Treiber

©PepeSun/stock.adobe.com

Andere Zeiten, andere Sitten

Die Erkenntnis und auch das Wissen, dass die Niederwildjagd, verbunden mit all ihren notwendigen Hegebemühungen, Fleißarbeit ist und den Jäger das ganze Jahr hindurch fordern, sind geblieben. Geändert haben sich die Inhalte und Methoden. Die Erkenntnis hegt den Anspruch auf Richtigkeit, das Wissen jedoch unterwirft sich Nachweisen und Logik. Früher nannte man es Jagdtierkunde, heute heißt es Wildbiologie. Früher dachte man eher eindimensional, im Sinne von „Fressen und gefressen werden", heute erkennt man die Komplexität der Natur. Früher waren Jagd und Hege vor allem auf die Nutzung des Wildes als Ressource ausgerichtet, heute hat die Hege gemäß Bundesjagdgesetz die Erhaltung eines den landschaftlichen und landeskulturellen Verhältnissen angepassten artenreichen und gesunden Wildbestandes sowie die Pflege und Sicherung seiner Lebensgrundlagen zum Ziel. Die Voraussetzungen für eine zeitgemäße Hege haben sich also geändert, und das ist auch gut so. Die meisten Jäger haben diesen Anspruch längst verinnerlicht und setzen ihn in ihren Revieren um. Nicht umsonst ist die Jagd heute anerkannter Naturschutz. Ganz anders haben sich große Teile der nicht jagenden Bevölkerung entwickelt. Ihr Kontakt zum Leben auf dem Lande ist weitestgehend verloren gegangen. Zusammenhänge in der Natur sind nur noch in der Theorie bekannt und kaum noch selbst erlebt. Dennoch wird gerade von ihnen die Natur in der Freizeit immer stärker genutzt. Und gleichzeitig wird gerade von ihnen ein schonenderer Umgang mit der Natur und damit ein strengerer Tierschutz eingefordert. Die Konflikte sind also vorprogrammiert und vermutlich wieder einmal nur durch passende Antworten der Jäger zu lösen.

Eine entschiedene Bejagung der Prädatoren hilft nicht nur dem Niederwild, sondern auch allen anderen Bodenbrütern, wie neben vielen weiteren auch Kiebitz, Feldlerche, Braunkehlchen und Wiesenpieper. Sind deren Bestände durch fortschreitende Verluste ihrer Habitate, durch die immer stärker mechanisierte und schneller arbeitende Landwirtschaft oder auch durch seuchenartige Krankheiten wie die Vogelgrippe in Bedrängnis geraten, können ihnen Fuchs, Marder und Co sowie die sich dynamisch ausbreitenden Neozoen wie Waschbär und Marderhund den Todesstoß versetzen. Diese Erkenntnis haben die Jäger schon lange, und auch das Wissen hierüber scheint sich selbst im klassischen Naturschutz endlich durchzusetzen. Nicht umsonst gehört der Naturschutzbund Deutschland e.V., kurz

NABU, längst zu den größten Fallenstellern im Lande, auch wenn dies von offizieller Seite immer kleingeredet und beschönigt wird. Hege mit Flinte und Falle, das passt so gar nicht in das Bild unserer Zeit, ist aber ein Garant für das Überleben vieler Tierarten in unserer engen Kulturlandschaft und eine wesentliche Stellschraube für den passionierten Niederwildjäger.

Dabei haben sich Jäger selbstverständlich an die gesetzlichen Bestimmungen und an die Jagd- und Schonzeiten zu halten, den Muttertierschutz zu beachten und müssen jegliches Wild ausnahmslos weidgerecht bejagen. Das galt schon früher so und heute erst recht. Totschlagfallen wie der Marderschlagbaum und der Schwanenhals gehören inzwischen in vielen Bundesländern der Vergangenheit an, obwohl sie fachgerecht eingebunkert sicher selektiv fangen und eine Totfangquote von 100 % aufweisen. Zu häufig wurden sie jedoch ohne Fachwissen und ausreichende Erfahrung aufgestellt und töteten oder verletzten Tiere, für die sie nicht vorgesehen waren. Der Gesetzgeber hat hier und an vielen anderen Stellen zu Recht eingegriffen. Waren respektive sind bei der Ausgestaltung Erkenntnisse und Wissen der Jäger Grundlage, sind die daraus resultierenden Ergebnisse auch meist praktikabel und zielführend. So müssen zum Beispiel Lebendfallen heute nicht mehr zweimal täglich kontrolliert werden, wenn sie mit einem Fangmeldesystem ausgestattet sind.

Gifteier und Co – Heute längst verboten

Die damalige Biologische Zentralanstalt für Land- und Forstwirtschaft in Berlin veröffentlichte in den 50er-Jahren unter Beteiligung der ältesten deutschen Vogelschutzwarte Seebach in Thüringen eine Mitteilung zur Krähenbekämpfung. Sie unterteilte die Bekämpfung in die Kategorien „Abwehr von den gefährdeten Kulturen" und „Vernichtung der Krähen". Lesen sich die Abwehrmaßnahmen mit „Ständigem Begehen der Felder", „Aufhängen von toten Krähen", „Aufhängen von Habichtattrappen", „Abspannen und Auflegen von Fäden, Dornenreisig oder Draht" sowie der „Schutz der Saaten durch Samenbehandlung" noch recht human, so wundert man sich heute schon über die Wortwahl und die damals propagierten Maßnahmen zur „Vernichtung der Krähen". Diese Handlungsempfehlung galt natürlich in erster Linie dem Schutz der landwirtschaftlichen Kulturen, insbesondere der Getreidesaaten, und sollte zur Sicherung der Nahrungsmittelproduktion in der Nachkriegszeit beitragen, dennoch gehörten diese Praktiken bis weit in meine Jugend hinein auch zum normalen Repertoire eines jeden Niederwildjägers.

Elsternnest (Foto: ©Himapan/stock.adobe.com)

Wir kletterten zwar nicht mit Steigeisen und Klettergurten in die hohen Bäume, um aus den Nestern Eier und fast flügge gewordene Junge zu holen, aber das Ausschießen der Nester und das Auslegen von Gifteiern wurde auch bei uns zur Brutzeit noch intensiv ausgeübt. Die Anzahl der Brutpaare an Rabenkrähen und Elstern hielt sich in unserem Revier in Grenzen. Man konnte leicht den Überblick behalten, und so beobachteten wir im Frühjahr genau, wo die Vögel ihre Nester bauten. Die Krähen bevorzugten die eher höheren Bäume, wie etwa die alte Pappelreihe entlang des Grabens zwischen unserem Revier und dem Revier Gut Spenrath. Die kugelförmigen Nester der Elstern auszumachen war dagegen schon etwas schwieriger. Sie beschränkten sich nicht nur auf hohe Bäume, sondern wählten auch dichte Dornensträucher, um ihre Jungen sicher aufzuziehen. War ein Nest ausgemacht, musste man etwas Geduld mitbringen, bis es den Rabenvögeln endlich an den Kragen gehen konnte. Bei zu frühem Ausschießen der Nester bestand die Gefahr, dass die Paare eine zweite Brut anlegten. Am besten also abwarten, bis die Jungen kurz vor dem Schlüpfen waren und der Altvogel noch auf dem Nest saß. Ruhig und vorsichtig musste man sich den schon leicht belaubten Bäumen nähern. Mit grobem Schrot, Posten oder Brenneke ging der erste Schuss genau ins Nest. Strich der Altvogel noch gesund ab, mussten die um den Baum platzierten Schützen den Rest erledigen. Hatte man den richtigen Zeitpunkt verpasst, gab es noch die kurze Phase, in der die Jungen gerade das Nest verlassen hatten, unbeholfen auf den nahen Ästen saßen und die Gefahr noch nicht zuordnen konnten. Es war ein Leichtes, sie aus den Bäumen zu holen. Freude hat mir dieser Teil der Jagd nie gemacht, aber das „Feindbild" war längst fest verankert, und die erforderlichen Methoden waren ein Muss für jeden Niederwildjäger. Dass hierbei gelegentlich Turmfalke und Waldohreule getroffen wurden, nahm man damals billigend in Kauf.

Die Eierlage wurde stets außerhalb der Reichweite unserer kurzen Kinderarme auf dem obersten Regalbrett im Vorratskeller deponiert. Mit einem roten Totenkopf waren die weißen Eier als Giftköder gekennzeichnet. Hätten unsere Eltern gewusst, wie gut Kinder klettern können, sie hätten sie besser versteckt. Aber notwendig war dies eigentlich nicht, wir wussten genau, dass wir die mit gelbem Phosphor präparierten Eier nicht anfassen durften, und gehorsam, wie wir waren, taten wir dies auch nicht. Unsere Aufgabe war es, in den Frühjahrsmonaten März und April in der Nähe der Brutplätze im noch niedrigen Getreide Nester zu bauen. Die Gifteier wurden stets von Onkel Hubert oder unserer Mutter mit Handschuhen geschützt hineingelegt. Noch ein paar Getreidehalme darüber, und schon war das tödliche Mahl serviert. Die Vogelwarte Seebach wies ganz offiziell darauf hin, dass die Eier spätestens nach acht Tagen zusammen mit den toten Krähen zu verbrennen oder mindestens 50 cm tief zu vergraben seien. Der Vorteil von Phosphor als Gift sei zudem, dass sich dieses im Körper der toten Krähen abbaue und folglich Haustiere, Greifvögel und Eulen keinen Schaden nehmen könnten, wenn sie deren Aas fressen sollten. Vermutlich war es aber vielmehr nur ein „frommer" Wunsch, und ich möchte nicht wissen, wie viele Tiere damals qualvoll sterben mussten. Erst Mitte der 70er-Jahre wurde diesem damals üblichen, dennoch zutiefst unweidmännischen Tun ein Riegel vorgeschoben.

In den 60er-Jahren breitete sich in Westeuropa zunehmend die Tollwut aus. Damals ohne verfügbare Impfstoffe, wurde auf Geheiß des Gesetzgebers gegen den Fuchs mobil gemacht. Die Schonzeiten wurden ohne Berücksichtigung des Muttertierschutzes ausgesetzt, und über viele Jahre wurde der Fuchs ganzjährig bejagt. Ziel war es, den Fuchsbestand flächendeckend unter den für die Tollwutausbreitung kritischen Wert von 0,25 bis 1,0 Fuchs je 100 ha zu reduzieren. Ein vergebliches Unterfangen. Da nutzten auch die staatlich angeordnete Begasung der Fuchsbaue und die ausgelobten Abschussprämien nichts. Der Fuchs steckt nur selten im Bau, der Dachs hingegen fast immer, das wussten erfahrene Bodenjäger schon damals. So wurde unserem größten Marderartigen die Begasung der Baue fast zum Verhängnis. Seine Population geriet gebietsweise bis an den Rand des Existenzminimums. Lange haben die Dachsbestände benötigt, sich hiervon zu erholen, aber heute ist seine Bejagung vielerorts wieder Normalität.

Fuchs mit Beute (Foto: ©Vaclav/stock.adobe.com)

Natürlich zeigten all diese Maßnahmen die gewünschten Auswirkungen. Aber zu welchem Preis? Fuchs, Dachs, Krähe und Elster gehören nach wie vor zu den wichtigsten Prädatoren unseres Niederwilds. Meine Passion, diese Räuber scharf zu bejagen, ist aus diesem Grunde geblieben, aber meine Methoden haben sich geändert. Die Lockjagd auf Rabenkrähen, die Jagd an den Schlafplätzen der Krähen und Elstern, der Ansitz auf Jungfüchse am Bau oder am Luderplatz bei Mond und winterlichem Wetter auf den Altfuchs, die Reizjagd zur Ranzzeit, die Jagd am Kunstbau und natürlich die Fallenjagd mit der Betonrohrfalle. Allesamt Jagdarten, die den Jäger fordern, die Zeit und Motivation kosten, die aber bei Erfolg umso mehr Freude bereiten.

Wildernde Katzen – Mit Halsband?

Meine Eltern waren für ein paar Tage im Urlaub, und mir wurde die Aufgabe zuteil, täglich die Drahtkastenfallen im Revier zu kontrollieren. Im Park, im Wäldchen hinter der Strohscheune und im Maisfeld an der Bahn. Jeden Tag radelte ich mit dem Fahrrad los, und fast jeden Tag musste ich Onkel Hubert anrufen. Eine Katze nach der anderen fing sich in der Falle und musste sich nun ihrem Schicksal stellen. Die Beute nahm Onkel Hubert stets mit nach Rheydt. Lange habe ich mich gefragt, was er wohl mit den ganzen toten Katzen machte. Irgendwann erklärte mir meine Mutter, dass er diese am Ende seines Grundstücks über die Mauer auf die angrenzenden Bahnschienen warf. Der Bereich war innerstädtisch kaum erreichbar, und so wunderten sich, wenn überhaupt, nur die Instandhaltungsarbeiter über die große Menge an vom Zug überfahrenen Kreaturen.

Auch der Stubentiger stellt Singvögeln nach
(Foto: ©MerkAngela.WH/stock.adobe.com)

Der Park war ausreichend weit vom Dorf entfernt, dennoch verirrte sich gelegentlich eine der zahlreichen Katzen vom kleinen Hof der Familie meines besten Freundes dorthin. Sie alle waren mit Halsbändern versehen, sodass sich am anderen Ende des Hörers nicht Onkel Hubert, sondern Gudrun, die Mutter meines Freundes Stefan, meldete und die Gefangenen schleunigst bei uns abholte. Die Familie war aus der Stadt zugezogen und hatte mit der Jagd nicht viel gemein. Aber sie arrangierten sich damit und waren glücklich, dass wir ihre Lieblinge verschonten.

Kein Hof, schon erst recht keiner mit Viehhaltung, kam damals wie auch heute ohne die samtpfötigen Helfer aus, die sich um die lästigen Mäuse und Ratten kümmerten. Problematisch wurde dies meist dann, wenn sich die Katzen auf den Höfen selbst überlassen blieben und sich völlig unkontrolliert vermehren konnten. An eine Sterilisation dachte damals niemand, und für einen solch banalen Zweck war diese auch schlichtweg zu teuer. Vielen der kleiner Räuber blieb gar nichts anderes übrig, als ihr Revier in die Natur zu verlagern und zu wildern, wenn sie überleben wollten. Aber nicht nur verwilderte Katzen stellen Singvögeln und deren Nachwuchs nach. Katzen jagen nicht nur des Hungers wegen, sondern haben allgemein einen ausgeprägten Jagdtrieb. Gesunde und wohlgenährte Katzen fangen die meisten Mäuse, aber eben auch anderes Getier.

Eingefangene Katzen, eine zusätzliche Belastung für die Tierheime
(Foto: ©Thomas Reimer/stock.adobe.com)

Bis zum Jahr 2015 durften in Nordrhein-Westfalen Katzen, die weiter als 200 m von der nächsten Bebauung im Revier angetroffen wurden, bejagt werden. Um die 10.000 dieser wildernden bzw. verwilderten Katzen kamen so jährlich zur Strecke. Dann wurde mit Einführung des in der Jägerschaft vehement kritisierten „ökologischen Jagdgesetzes“ die Bejagung verboten. Dies blieb auch nach der Novellierung des Gesetzes im Jahr 2019 so. Eine Rücknahme dieses Verbotes war politisch nicht mehr durchsetzbar. Nicht nur den Jägern, sondern auch den Naturschutzverbänden wurde schnell klar, welches Problem hier unkontrolliert auf die hiesige Vogelwelt und viele Kleinsäuger losgelassen wurde. Gemeinsam propagiert man heute das „Paderborner Modell“. Dieses sieht eine Melde- und Kastrationspflicht für alle Katzen vor. Zudem sollen diese mit einem Chip versehen werden, um sie ihrem Besitzer eindeutig zuordnen zu können. Wird eine Katze gefangen, kann diese vom Jäger beim örtlichen Fundbüro oder in einem Tierheim abgegeben werden.

Jagen ohne Jagdschein

Die meisten Kinder begeistern sich ab einem gewissen Alter für Waffen. Spielzeugpistolen, Pfeil und Bogen, Piratensäbel und Laserschwerter haben für sie etwas Faszinierendes an sich. Mit Waffen lassen sich Filme wie „Winnetou", „Robin Hood" oder „Star Wars" nachspielen. Die Erwachsenenrollen in diesen Filmen vermitteln den Kindern ein gewisses Gefühl der Größe und Stärke. Entgegen vielen Befürchtungen besorgter Eltern ist dabei Kindern aber stets bewusst, dass sie sich im Spiel befinden. Sie können sehr gut zwischen Spielzeug und echter Waffe unterscheiden.

Erst recht galt dies für uns Kinder aus einem Jagdhaushalt. Winnetous Silberbüchse war eben doch etwas ganz anderes als die Querflinte unseres Vaters. Mit echten Waffen gingen unsere Eltern und deren Freunde stets vorsichtig und mit Bedacht um. Flinten und Büchsen waren nicht zum Spielen da, sondern mit ihnen ging man zur Jagd. Ergänzt wurde diese Tatsache durch eine Geschichte, die uns unsere Eltern immer wieder einbläuten: „Im Dorf hatte einmal ein Junge die Schrotflinte seines Großvaters von der Wand genommen, auf seinen Bruder angelegt und abgedrückt. Die Waffe war aus nicht erklärbaren Gründen geladen, und es kam zur Katastrophe." Ob sich dies wirklich im Dorf so ereignet hatte, konnten wir Kinder nie klären, aber es war uns dennoch eine Lehre fürs Leben.

1976: Zeit der großen Hasentreibjagden

Natürlich eiferten wir auch jagdlich unseren Vorbildern nach. Wir bastelten Pfeil und Bogen aus Haselnusszweigen und spitzten die Pfeile mit Küchenmessern. Auf der Pirsch durch den großen Garten hofften wir auf das ein oder andere Kaninchen oder vielleicht sogar eine Taube als Beute. Wir erfanden „neuartige"

Fallen aus Wäschekörben mit ausgeklügelten Fallmechanismen, die wir von oben in der großen Zeder wartend auslösen wollten. Ganz sicher würden unsere Möhren die grauen Flitzer anlocken. Der Erfolg blieb aus, aber Freude hatten wir allemal.

Das erste richtige Gewehr für uns Kinder brachte natürlich Onkel Hubert mit ins Haus. Ein Diana-Luftgewehr mit Zielfernrohr samt den dazugehörigen Diabolo-Patronen im runden Metalldöschen. Aufmerksam hörten wir seiner Einweisung zu: „Es stehen immer alle hinter dem Schützen. Die Waffe wird erst kurz vor dem Schuss geladen. Der Lauf zeigt immer nach oben, niemals auf eine andere Person! Vor dem Schuss vergewissert sich der Schütze nochmals, dass er ein freies Schussfeld hat. Und wenn ihr euch nicht daran halten solltet, ist die Waffe schneller verschwunden, als ihr sie jetzt in Händen haltet!" Der erste Schuss in die Acht der Zielscheibe im Kugelfang und Onkel Huberts lobende Worte werde ich nie vergessen. Viel Zeit sollte noch vergehen, bis wir auf lebende Ziele anlegen durften. Denn wir mussten zunächst viele Stunden in Schießübungen investieren, um einen sicheren Schuss anbringen zu können.

©kathomenden/stock.adobe.com

Meine erste Beute

Mit etwa zwölf Jahren durfte ich dann endlich das erste Mal mit Onkel Huberts Kleinkaliberstutzen schießen. Auf dem Kleinkalibergewehr der Marke Krico war ein Zielfernrohr mit kleiner Vergrößerung montiert. Zur Waffe gehörte ein 5-Schuss- und ein 10-Schuss-Magazin. Krico ist der Markenname der deutschen Firma Kriegeskorte, die Ende des 19. Jahrhunderts in Esslingen von Robert Kriegeskorte gegründet wurde. Der Stutzen stammte vermutlich aus den 1950er-Jahren, als die Alliierten der Firma nach dem Zweiten Weltkrieg erstmals die Produktion von Luft- und Kleinkalibergewehren gestatteten. Natürlich wurde auch mit diesem Gewehr zunächst nur auf eine Zielscheibe geschossen. Der Knall war schon etwas lauter, der Rückschlag dennoch kaum zu spüren und die Trefferquote von Anfang an schon ganz beachtlich.

Kleinkaliberstutzen

Völlig überraschend kam einige Zeit später der Moment, als ich mein erstes Stück Wild erlegen durfte. In der stattlichen Blaufichte, etwa 20 m von unserem Haus entfernt, hatte eine Ringeltaube aufgebaumt. Völlig frei saß sie und zeigte uns ihren Brustkorb. Leise öffnete meine Mutter das Fenster in unserem Kinderzimmer einen kleinen Spalt, brachte das Kleinkalibergewehr in Position und fragte, ob ich mein Glück versuchen wolle. Das ließ ich mir nicht zweimal sagen und holte den Vogel mit einem sicheren Schuss vom Baum. Wie ein Stein fiel die Taube hintenüber, und ich war überglücklich, endlich zum Kreis der Jäger dazuzugehören. Na ja, zumindest hatte ich dieses Gefühl. Stundenlang harrte ich in den folgenden Wochen am Fenster aus und wartete auf Tauben, die sich ähnlich günstig im Baum platzierten. Der Erfolg war beschränkt, aber mein Ehrgeiz geweckt.

Der Park als Jagdrevier

Irgendwann hatte meine Mutter ein Einsehen, und es kam endlich der Zeitpunkt, als ich nicht mehr am Fenster frieren und auf eine passend sitzende Taube im Baum warten musste. Unter klaren Anweisungen durfte ich erste Streifzüge durch den Garten machen. Die Waffe war stets gesichert zu tragen und durfte erst kurz vor dem Schuss entsichert werden. Ich sollte gewissenhaft darauf achten, dass sich die Kleinkaliberkugel hinter meinem Ziel nicht verirrte und irgendjemanden gefährden konnte. Zudem musste ich mich im Garten so bewegen, dass mich keiner mit der Waffe in der Hand von außen sehen konnte. Das war im großen Park um Haus Pesch aber kein wirkliches Problem.

Park um Haus Pesch Ende der 40er-Jahre

Für die Planung der 6 ha großen Parkanlage zeichnete der entfernt mit unserer Familie verwandte Oberforstmeister Schmitz-Lenders verantwortlich. Haus und Garten schlossen westlich an die alte Hofanlage mit ihren beiden verbliebenen Wehrgräben und den umliegenden Wiesen an. Geschickt integrierte Schmitz-Lenders die vorhandene hohe Baumvegetation entlang der Gräben und Wiesen bis hin zum großen Regenrückhalteweiher. Die Zufahrt zum Haus führte hinter dem Hof über eine stattliche Birkenallee. Der offenere Bereich des Parks befand sich hinter der Villa zu Füßen der Terrasse und des nach Süden ausgerichteten Erkers. Die gepflegten Rasenflächen waren in der Nähe des Hauses von einem Netz schmaler Kieswege durchzogen. Weiter entfernt wurden die Flächen großräumiger und schließlich von einem Rundweg eingerahmt. Dieser war von älteren Birken gesäumt und führte gegenüber der Terrasse über eine etwas erhöhte Pergola mit gemauerten Säulen und Holzbalkenauflage. Auf den Rasenflächen bis hin zum Rundweg platzierte der Planer zahlreiche Solitärbäume und -sträucher, die vorwiegend aus Nadelbäumen wie veredelten Fichten und Tannen, der ein oder anderen Kiefer und Zeder, vor allem aber zahlreichen Eiben, Lebensbäumen (Thujen), Scheinzypressen und Wacholdern bestanden. Jenseits des Rundwegs wurde die Bepflanzung wesentlich dichter, was freie Blicke von außen kaum mehr zuließ. Hier fanden sich vornehmlich Laubbäume und -sträucher, vereinzelte Immergrüne, aber auch einige Bereiche mit Nadelgehölzen. An der Grenze entlang der umliegenden Landstraßen verlief eine Ligusterhecke, die zusätzlich von einem Maschendrahtzaun umgeben war, sodass die Anlage von außen nicht betreten werden konnte. Die für das Rheinland typischen hohen Pappelreihen rahmten das gesamte Anwesen ein.

Park im Jahr 2007

Für das Niederwild war der Park ein wahres Eldorado. Die Kaninchen liebten es, ihre Baue unter den großen, kugelförmigen Eibenbüschen anzulegen, und die flachen Wacholderbüsche am Haus dienten ihnen als sicherer Rückzugsort nach ausgiebigen Mahlzeiten in den Blumenrabatten. Die Fasanen fanden alles, was ihr Herz begehrte: Wasser, Wiesen, ausreichend Deckung und Bäume zum nächtlichen Aufbaumen. Der ein oder andere Hase brachte im Garten seine Jungen zur Welt. Die Enten stellten sich allabendlich auf dem flachgründigen Weiher ein. Die Tauben fanden genügend Nist- und Schlafplätze, und mit dem näher rückenden Braunkohletagebau fühlten sich sogar einige Rehe im Garten wohl.

Wir Kinder wuchsen in dem Anfang der 60er-Jahre errichteten Bungalow unserer Eltern am Rand des Parks in Sichtweite der Villa auf. Unter den mächtigen Buchen hinter der Rasenfläche am Haus fütterten wir die Fasanen. Sie warteten schon sehnsüchtig in der Fichtenschonung dahinter auf die prall gefüllten Maiskolben. War das ein Vergnügen, sie vom Wohnzimmer aus zählen zu können! Bis zu 100 Stück kamen an verschneiten Wintertagen manchmal zusammen. Was gibt es Schöneres, als mitten im Revier zu wohnen?! Wie oft habe ich diesen Satz später gehört, und wie oft habe ich mich dabei an das kleine „Revier" meiner Kindertage erinnert. Ich kannte jeden Baum, den man erklettern konnte, jeden Strauch, der im Inneren einen Hohlraum als Versteck bot, jeden schmalen Pirschweg durch die dichteren Bereiche, jeden Kaninchenbau und die Schlafbäume der Fasanen und Tauben. Ich wusste genau, welche Bereiche man in Ruhe lassen musste und wo man befreit jagen konnte. Ich hatte bereits aus allen günstig gelegenen Fenstern des Hauses mögliche Schusspositionen getestet, um der zahlreichen Kaninchen, die meiner Mutter die Rosen streitig machten, Herr zu werden. In meinem Jagdjahr wurden Kaninchen das ganze Jahr hindurch bejagt. Den Tauben konnte vor allem im Herbst und Winter nachgestellt werden, so lange, bis die Bäume wieder belaubt waren. Die wachsamen Enten auf dem Weiher pirschte ich im Herbst durch die Sichtschutz bietenden Holunderbüsche an, während meine Eltern und Onkel Hubert außerhalb des Gartens auf die abstreichenden Breitschnäbel warteten. An Elstern und Eichelhäher war nur schwer heranzukommen. Akribisch führte ich ein Schussbuch und sammelte die Taubenständer. Sie wurden auf der Ölheizung im Keller getrocknet und im Frühjahr gegen eine Abschussprämie eingetauscht. Natürlich sind mir in dieser Zeit auch Fehler unterlaufen. Der ein oder andere sich drückende Junghase wurde als Kaninchen angesprochen, was ich stets reumütig meinen Eltern beichtete. Es folgte meist eine deutliche Belehrung, aber niemals das erwartete Donnerwetter. Nur ein einziges Mal wurde es wirklich kritisch. Junge Elstern hüpften zwischen Bungalow und Villa in einer strauchförmig wachsenden Kiefer von Ast zu Ast. Ich bekam sie einfach nicht frei ins Glas. Mein Bemühen wurde immer hektischer, sodass ich bei der Schussabgabe die Villa im Hintergrund völlig aus den Augen und dem Sinn verloren hatte. Meine Großmutter entdeckte das Loch in der Scheibe als Erste. Auch wenn sie mich wie immer bei meinen Eltern in Schutz nahm, war dieses Mal eine saftige Abreibung nicht zu verhindern.

Kanin, Kanin – Im Scheinwerferlicht

Inzwischen schoss ich mit Onkel Huberts Kleinkaliberstutzen wie Gift. Ich wusste genau, wie viel ich über dem Ziel anhalten musste, wenn die Schussentfernung mal über dem Normalmaß lag. Mir gelang es sogar einmal, ein flüchtiges Kaninchen zu erlegen, das Cora im großen Wacholderstrauch hochgemacht hatte. Dieser und der weite Treffer auf ein flüchtiges Mauswiesel aus dem oberen Fenster der Villa waren sicherlich Glückstreffer, sie zollten meinen Eltern dennoch einigen Respekt ab. Vielleicht war das der Grund, dass meine Jagdmöglichkeiten daraufhin etwas erweitert wurden. Vielleicht lag es aber auch an den unzähligen Kaninchen, die auf den Äckern rund um das Dorf teilweise beträchtliche Schäden anrichteten. Woran es auch gelegen haben mag, nach dem Taubenansitz im Park und dem Abendbrot wurde nun nicht mehr Skat gespielt, sondern das Revier mit dem Auto abgefahren und im Scheinwerferlicht oben aus dem geöffneten Schiebedach lehnend auf Kaninchen gejagt.

Die alte Sauerkirschplantage (Foto: ©Kirill Gorlov/stock.adobe.com)

Unser Revier hatte sich Ende der 70er-Jahre infolge der Flurbereinigung enorm verändert. Auf der Grundlage des Flurbereinigungsgesetzes von 1953 sollten kleine und schlecht erreichbare Felder der Vergangenheit angehören, um den Einsatz größerer Maschinen und einen effektiveren Pflanzenschutz möglich zu machen. Bei der Umsetzung wurde damals noch wenig Rücksicht auf die vorhandene Natur und das Landschaftsbild genommen. Ökologisch wertvolle Landschaftselemente wie etwa der markante Hohlweg in der Hüll, die alte Sauerkirschplantage des Bauern Dünschede oder der breite Unlandstreifen entlang der alten, inzwischen aufgegebenen Bahnlinie verschwanden. Störende Hecken und Bäume am Rand der Schläge wurden gefällt. Das ehemalige dichte Netz aus Graswegen wurde durch wenige begradigte und asphaltierte Wirtschaftswege ersetzt. Das Revier zeigte ein völlig neues, aufgeräumtes Gesicht.

Folgen damaliger Flurbereinigung

(Foto oben: ©AVTG/stock.adobe.com – Foto unten: ©beatuerk/stock.adobe.com)

Viele interessante Kaninchenhabitate waren so verloren gegangen. Die flinken Plagegeister konzentrierten sich jetzt auf die Autobahnböschungen, die Reste der alten Bahnlinie, das Wällchen hinter unserer Strohscheune und das verwilderte Gelände gegenüber dem ehemaligen Landhandel Schüller. Die Kaninchen verursachten im Frühjahr regelmäßig große Schäden an der keimenden Saat des Sommergetreides und an den sprießenden, saftigen Zuckerrübenpflänzchen. Die menschengemachte Viruserkrankung Myxomatose kannte man zu diesem Zeitpunkt nur aus einschlägiger Fachliteratur, und über die Chinaseuche sprach noch lange niemand. Kaninchen galten als Schädlinge, sie hatte keine Schonzeit und wurden ganzjährig scharf bejagt.

Hatten wir eines im Scheinwerferlicht entdeckt, fuhren wir mit Standlicht so nahe heran, bis die Schussentfernung passte. Ich machte mich währenddessen auf dem Autodach parat. Magazin reinschieben, durchrepetieren und schon einmal in Voranschlag gehen. Denn wenn das Fernlicht wieder aufleuchtete, musste es meist schnell gehen. Erst recht, wenn die Karnickel die Bedrohung schon kannten. Sprang eines noch rechtzeitig ab, wurde der Automotor für ein paar Minuten ausgeschaltet und auf dessen Rückkehr gewartet. Und dann hieß es erneut: Fertig machen, Licht an und im Idealfall einen sicheren Schuss anbringen. Zusammen mit den Kaninchen aus dem Garten füllten in einem Jagdjahr schon mal um die 100 Stück mein Schussbuch. Füchse bekamen wir auf unseren zahlreichen Touren eher selten zu Gesicht. Die Fuchsdichte war aufgrund der Tollwut und der strengen Bejagung sehr gering. Nur ein einziges Mal erhielt ich eine Chance auf einen Rotrock. Ob ich vor lauter Aufregung vorbeigeschossen hatte oder das Kaliber zu klein war, um diesen auf den Rücken zu legen, blieb offen. Im Auto war der Ärger über diese verpasste Chance auf alle Fälle riesengroß.

Obwohl ich die Waffe inzwischen fast blind beherrschte, hätte ich bei einer Tour fast einmal ein Loch in den Dachhimmel des Wagens geschossen. Normalerweise benutzte ich das 10-Schuss-Magazin, um nicht ständig nachladen zu müssen. Dieses Mal hatte ich jedoch das kleinere 5-Schuss-Magazin dabei. Über das große musste man immer einmal durchrepetieren, bevor es die erste Kugel freigab und diese in die Kammer rutschte. Das kleine reagierte anders, und so war die Waffe längst geladen, ohne dass ich es erwartet hatte. Unachtsam an den Abzug gekommen, löste sich der Schuss noch im Auto auf der Rückbank sitzend. Natürlich war die Waffe nach oben gerichtet, und Gott sei Dank verließ die Kugel den Wagen durch das geöffnete Schiebedach. Dennoch handelte ich mir auch hier zu Recht eine gehörige Abreibung ein.

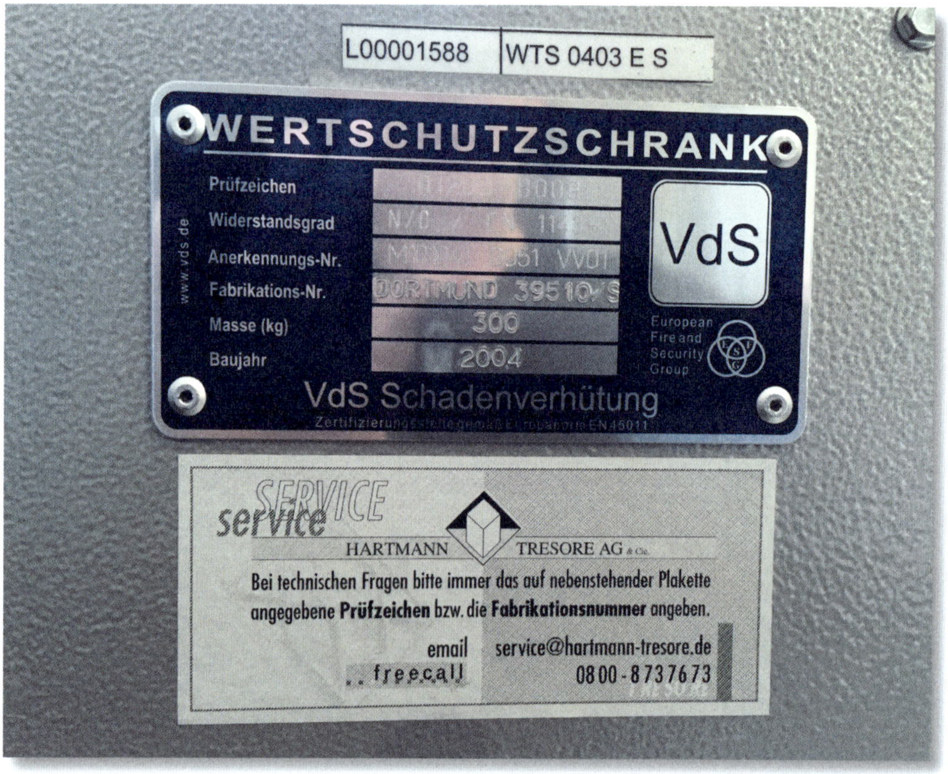

Erst seit 2002 Pflicht

Savage Bockbüchsflinte

Meine erste „eigene“ Waffe

Die zerschossene Scheibe in der Villa meiner Großmutter und der Schuss durch das offene Schiebedach sollten die einzigen Unachtsamkeiten bleiben, die mir mit der Waffe in der Hand passierten. Natürlich hätten beide Ereignisse schiefgehen können, das wussten meine Eltern genauso gut wie ich. Aber ich hatte Glück! Beide Fehler sollten mir eine Lehre fürs Leben sein.

Onkel Huberts Kleinkaliberstutzen war „meine“ Waffe. Natürlich gehörte sie nicht mir, aber er hatte sein Gewehr bei uns deponiert, sodass ich es jederzeit nutzen konnte. Die Waffen meiner Eltern wurden stets gesichert aufbewahrt. Natürlich nicht nach heutigen Maßstäben in einem Stahlschrank mit hoher Sicherheitsstufe, aber immerhin in einem mit einem Sicherheitsschloss versehenen Einbauschrank. Erst Anfang der 70er-Jahre löste ein neues Waffengesetz das alte Reichswaffengesetz von 1936 ab. Die Baader-Meinhof-Gruppe und die aus ihr hervorgegangene RAF hatten dafür gesorgt, dass der Gesetzgeber sich veranlasst sah, reglementierend einzugreifen. Erstmals wurden der Erwerb und der Besitz von Waffen von einer Vorstrafenfreiheit, einem Bedürfnisnachweis, einer Fachkundeprüfung und einem Mindestalter von 18 Jahren abhängig gemacht. Jäger durften Kurzwaffen nur noch in beschränkter Anzahl, Langwaffen jedoch weiterhin in unbeschränkter Anzahl besitzen. Seit Anfang der 80er-Jahre folgten zahlreiche Änderungsinitiativen und Gesetzesentwürfe, aber erst im Jahr 2002 wurde die Aufbewahrung von Waffen in Tresoren mit hoher Sicherheitsstufe zur Pflicht.

Zum 15. Geburtstag – mein Jagdscheinkurs sollte in wenigen Monaten beginnen – schenkten mir meine Eltern meine erste eigene Waffe: eine Savage Bockbüchsflinte in den Kalibern .22 Win. Mag. und .410 Schrot mit dazugehörigem Zielfernrohr. Natürlich war die Kombinierte in der Waffenbesitzkarte meines Vaters eingetragen, aber sie sollte ausschließlich mir zur Jagd zur Verfügung stehen. Leider stellte sich schnell heraus, dass der Kugellauf ausgeschossen war und nicht mehr präzise traf. Zu allem Überdruss machten uns die Büchsenmacher der Region wenig Hoffnung, dass hier noch etwas zu retten wäre. Aber wichtiger war für mich sowieso der Schrotlauf, mit dem ich fortan auch auf Fasan, Rebhuhn und Kaninchen jagen durfte.

Einläufige Schrotflinte – Der Schuss muss sitzen!

Meine Bockbüchsflinte reduzierte sich also zu einer einläufigen Schrotflinte, deren geringes Kaliber zudem keine weiten Schussdistanzen zuließ. Und genau diese Eigenschaften hatten meine Eltern ganz bewusst gewählt.

Erzherzog Johann von Österreich (1782–1859)
(Foto: ©El Barocco/ stock.adobe.com)

Erzherzog Johann von Österreich brachte es Mitte des 19. Jahrhunderts mit seiner Erkenntnis auf den Punkt: „Mit einer Einläufigen lernt man rein schießen, seine Schüsse sparen und zur rechten Zeit abgeben." Er gilt als einer der Väter des Begriffs der Weidgerechtigkeit. Nach langen Jahren der Adelsjagd und stetig steigendem Druck durch Wilderei bemühte er sich, durch allerlei Reformen, wie etwa der Einführung eines Reviersystems und des Berufsjägertums, die gebeutelten Rotwild- und Gamsbestände in seinen Revieren wiederaufzubauen. Waren Revierteile einmal bejagt worden, ließ er diese für mehrere Jahre in Ruhe. Auf Gesellschaftsjagden begrenzte er den Abschuss des jagdbaren Wildes und verlangte von seinen Gästen, dass sie ausschließlich einläufige Waffen zu führen hatten. So forderte er konsequent Disziplin, Schießfertigkeit und bewusstes Jagen auf seinen Jagden ein.

Vielleicht liegt es an meinen damaligen Erfahrungen, dass ich auch heute noch halbautomatische Waffen, sowohl hinsichtlich Flinten als auch Büchsen, ablehne, zumindest aber für diskussionswürdig halte. Auf den Gesellschaftsjagden meiner Jugend waren sie verpönt, heute hingegen sieht man diese Waffen wieder häufiger. Ich kenne nur ganz wenige Jäger, die imstande sind bzw. waren, verantwortungsbewusst und versiert mit derartigen Waffen umzugehen. Josef, mein langjähriger Jagdfreund und Begleiter bei vielen Drückjagdreisen im Ausland, ist einer derjenigen. Nie ließ er sich zu unkontrollierten Schießtiraden hinreißen und wusste immer ganz genau, wo seine Grenzen lagen. Häufiger habe ich Negativbeispiele erlebt, so etwa viel zu hoch und zu weit beschossene Enten, die nach dem zweiten Schuss längst außer Schussentfernung waren, oder die Rotte Sauen, die auf freiem Feld unbeherrscht beschossen wurde, bis der Automat leer war. Die Einläufige verlangt von seinem Führer Zurückhaltung, Besonnenheit und das Warten auf den passenden Moment. Sie fördert verantwortungsbewusstes Jagen und ist somit Ausdruck gebotener Weidgerechtigkeit. Gerade für Jungjäger eine gute und wichtige Schule. Nie werde ich die Momente vergessen, als ich im Spenrather Gewann meinen ersten Fasan vom Himmel holte oder als ich bei warmem Septemberwetter am Mühlenhäuschen in den Rüben mein erstes Rebhuhn erlegte. Beide mit meiner einläufigen Flinte, beide mit dem einen Schuss, der mir zur Verfügung stand, und beide Situationen für immer unvergessen.

Hühnerjagd im Spätsommer

Wäre ich nur wenige Jahre jünger, ich hätte die Jagd auf diese faszinierende Wildart nicht mehr erleben dürfen. Dann würde es mir heute wie den meisten anderen Jägern gehen, die die Rebhuhnjagd gar nicht mehr kennen und sie somit auch nicht vermissen.

Warm und sonnig war es in der zweiten Septemberhälfte, und der Aufgang der Fasanenjagd Mitte Oktober lag noch in einiger Ferne. Dennoch stellte sich bei uns zu Hause so langsam die typisch herbstliche Jagdstimmung ein. Onkel Hubert kam noch häufiger vorbei als üblich und schaute im Revier nach dem Rechten. Unsere Hündin Cora spürte instinktiv, dass bald endlich wieder Arbeit auf ihrer Agenda stand, und wich uns im Haus nicht mehr von der Seite. Meine Eltern prüften den Bestand an Schrotmunition, und wir Kinder hielten aus dem Schulbus Ausschau, ob endlich wieder Onkel Huberts beigefarbener Mercedes vor unserer Haustür parkte. Unsere Revierbeobachtungen über das Jahr hinweg ließen einen ausreichend großen und somit bejagbaren Bestand an Rebhühnern vermuten, und gemeinsam fieberten wir dieser besonderen Jagd im luftigen Hemd entgegen.

Abstreichende Kette Rebhühner
(Foto: ©Filev/stock.adobe.com)

Das Treiben am Mühlenhäuschen wies im Vergleich zu allen anderen Bereichen unseres Reviers die kleinste Feldstruktur auf. Hier lagen zahlreiche schmale Parzellen mit unterschiedlichen Feldfrüchten nebeneinander, ein von Hühnern gern angenommener Lebensraum. Vom Auto aus hatten wir eine Kette Hühner hudernd in den Getreidestoppeln am Rand einer Zuckerrübenparzelle ausgemacht. Wir prüften den Wind und fuhren zum gegenüberliegenden Ende des Feldes, um unserer Hündin die Witterung im Gesicht zu gönnen. Die Flinten geladen, nahmen wir mit gebührendem Abstand zueinander in Reihe Aufstellung. Meine Mutter schnallte Cora und schickte sie in die Quersuche. Hühnerjagd ist und bleibt immer eine Jagd mit dem Hund unter der Flinte. Die Hündin war inzwischen schon etwas in die Jahre gekommen und ihre Sturm-und-Drang-Zeit längst vorbei. Ruhig, aber stetig arbeitete sie sich von Parzellenrand zu Parzellenrand. Immer die Nase im Wind. Nicht mehr weit war es bis zu der Stelle, wo wir die Hühner gesichtet hatten, und die Spannung stieg merklich. Auch der Hund zog nun immer wieder kurz an. Wir gaben Cora ausreichend Zeit, um in Ruhe ihr Ziel auszuarbeiten. Endlich, von der einen auf die andere Sekunde blieben Kopf und Nase stehen, während ihr Körper herumflog und im Wind erstarrte. Sicher stand sie durch, bis wir nahe genug hinter ihr waren. Erst das erlösende „Voran!" ließ sie blitzartig aktiv werden. Wie aus dem Nichts stieg wenige Meter vor ihr das erste Huhn aus den Rüben auf. Ich hatte längst verinnerlicht, dass ich mit meiner Kombinierten nur den einen Schuss hatte, um Erfolg zu haben. Da für mich eine sichere Schussentfernung limitiert war, musste ich einen Tick schneller sein als meine Mutter, die ebenfalls in Anschlag gegangen war. Das Huhn klappte im Schuss die Flügel zusammen und sollte mir gehören. Onkel Hubert nickte anerkennend. Cora apportierte sicher und sauber, sodass wir unsere Streife zügig fortsetzen konnten. Aber die Übrigen der Kette waren schon weit voraus und gingen gemeinsam außer Reichweite vor uns hoch. Deutlich waren das etwas metallisch klingende und abgehackte „Kri-Kri-Kri" sowie das dumpfe Brummen ihrer Schwingen zu vernehmen. Jetzt hieß es aufmerksam hinterherschauen, um genau zu beobachten, wo sie wieder einfielen. Mit hastigen Flügelschlägen, unterbrochen von Gleitphasen mit nach unten gebogenen Schwingen, suchten sie das Weite und fielen erst nach gut 200 m wieder in der Deckung ein. Langsam setzten wir nach, bei sommerlichen Temperaturen trotz leichter Kleidung eine schweißtreibende Angelegenheit. Erneut machte Cora die Kette in einem Schwung hoch. Für uns Schützen ein schwieriges Unterfangen, wollten wir es doch vermeiden, dass mehr als ein Huhn unsere Schrote abbekam. So waren äußerste Disziplin und die Konzentration auf die am Rand fliegenden Vögel angesagt. Fünf oder sechs Feldhühner sollten wir an diesem Nachmittag erlegen. Keine weltbewegende Strecke und sicherlich ein Bruchteil im Vergleich zu den Hochzeiten der Hühnerjagd, dennoch etwas ganz Besonderes, äußerst spannend und immer anspruchsvoll.

Schon in den 50er-Jahren hatten sich erste Bestandsrückgänge beim Rebhuhn bemerkbar gemacht. Diese nahmen dann in den 70er-Jahren derart dramatische Züge an, dass nur zehn Jahre später das Feldhuhn in einigen Revieren schon als beinahe ausgestorben galt. Die Rote Liste führte die Art für Nordrhein-Westfalen erstmals im Jahr 1986 unter der Kategorie 3 „Gefährdet". Nur noch wenige Reviere im Land wiesen überhaupt bejagbare Dichten auf. So kam es im Jahr 1989 zwischen Vertretern der

Getriebene Hühner im freien Feld
(Foto: ©pictureguy32/stock.adobe.com)

Jagd und des Naturschutzes unter Leitung des Umweltministeriums zur „Düsseldorfer Vereinbarung", die einen Verzicht der Bejagung des Rebhuhns durch die Jägerschaft vorsah.

Heiß begehrt waren die Einladungen zu den Hasentreibjagden in den mit Niederwild gesegneten Revieren rund um die Orte Euskirchen und Zülpich. Ich hatte durch einen glücklichen Zufall im Jahr 1999 eine Drückjagdgruppe kennen- und schätzen gelernt, deren Mitglieder fast alle Beständer eines Reviers in diesem Raum waren. Man pflegte über das ganze Jahr hinweg ein sehr freundschaftliches und enges Verhältnis und lud sich im Herbst gegenseitig zu den Gesellschaftsjagden ein. Eine dieser Jagden bei meinem Freund Heinz Anfang der neuen Dekade sollte mir dabei in guter und dauerhafter Erinnerung bleiben. Hier gaben es die Rebhuhnbestände noch her, dass man sie behutsam bejagen konnte. Und so handhabten wir es nicht nur im Spätsommer auf den Streifen, sondern auch bei den Hasentreibjagden im Dezember: eine verantwortungsvolle und umsichtige Jagd auf das Rebhuhn. Getriebene Hühner im blanken Feld, was war das für ein atemberaubendes Szenario, wenn die Ketten über einen hinwegzischten! Eine der zahlreichen Familienverbände wählte den Weg genau über meinen Kopf. Verdammt, waren diese Vögel schnell! Ich gab mir Mühe, ausreichend vorzuhalten, und war völlig verdutzt, als nicht das von mir anvisierte Huhn, sondern das dahinter fliegende auf den Schuss hin vom Himmel fiel. Für meine Nachbarn sah es von Weitem gekonnt aus, für mich war es im Grunde purer Zufall. Es sollte das letzte Rebhuhn bleiben, das ich in meinem Jägerleben strecken durfte.

Die Fortsetzungsverträge zur „Düsseldorfer Vereinbarung" aus den Jahren 1993 und 1996 schrieben Bestandserhebungen durch die Jägerschaft als Grundlage für eine nachhaltige Bejagung fest. Seitdem zählen die Reviere in Nordrhein-Westfalen im Rahmen des Wildtier-Informationssystems der Länder Deutschlands (WILD) regelmäßig im Frühjahr ihre Brutpaare. Sichtbeobachtungen und das Verhören der Rebhühner in der Zeit der Balz und Paarbildung Ende März bis Anfang April bei noch spärlicher Deckung sind hier das gängige Verfahren.

Rebhuhnpaar im Frühjahr
(Foto: ©Iliuta/stock.adobe.com)

Nur noch selten haben sich in den Folgejahren die Bestände so erholt, dass sie lokal und begrenzt auf einige wenige Reviere bejagt werden durften. Im Jahr 2009 waren dies ausgewählte Reviere im Raum Borken, Euskirchen, Heinsberg, Kleve und Minden-Lübbecke sowie im Rhein-Sieg-Kreis. Für diese Reviere wurde per Gesetz die inzwischen ganzjährige Schonzeit aufgehoben und eine nachhaltige Bejagung zugelassen. Nachhaltig bedeutete hier, dass der Rebhuhnbesatz eine über mehrere Jahre stetige Mindestgröße von drei bis vier Paaren je 100 ha mit einem Zuwachs von mindestens 200 % aufweisen musste. Unter Berücksichtigung einer durchschnittlichen Wintermortalität von 60 % und einer Begrenzung der Bejagung auf maximal 15 % des Herbstbesatzes konnte man so einen Bestandserhalt in gleicher Höhe gewährleisten.

Inzwischen zeigen vielerorts die zahlreichen Förderprogramme wie „Rebhuhn retten – Vielfalt fördern!" und die Blühstreifen- und Stilllegungsprogramme im Rahmen der EU-Agrarförderung ihre Wirkung. In der aktuell nach unserer braunkohlebedingten Umsiedlung von meiner Familie bejagten Eigenjagd rund um den Ramrather Hof haben sich die Rebhuhnbesätze in den vergangenen Jahren bei überdurchschnittlich warmem und trockenem Wetter auf gutem Niveau mit zwei bis drei Paaren je 100 ha stabilisiert. Zahlreiche starke Ketten sind zum Ende des Sommers zu beobachten, und auch den Winter überstehen die Ketten meist in ausreichender Größe. Feststellen müssen wir aber auch, dass die Bestände nicht von Jahr zu Jahr weiter anwachsen. Vermutlich begrenzt das vorhandene Biotop die Anzahl an Brutpaaren, und junge Hähne und Hühner müssen in angrenzende Brutreviere ausweichen.

Rebhuhnkette im Winter (Foto: ©pictureguy32/stock.adobe.com)

Auch wenn diese Wildart nun schon seit vielen Jahren nicht mehr bejagt wird, so ist es doch enorm wichtig, dass sie weiterhin von Gesetz wegen zum jagdbaren Wild gezählt wird. Nur so verlieren wir Jäger diese heute wichtige Weiserart des Offenlandes nicht aus den Augen und können die Hoffnung hegen, diese doch irgendwann wieder einmal bejagen zu dürfen. Ich vermisse diese besondere Jagd auf alle Fälle sehr und bleibe optimistisch.

Mein erster Fuchs – Im Schneehemd

Onkel Hubert und meine Eltern trauten mir aber noch mehr zu. Ich sollte nun endlich auch die ersten Gehversuche mit der alten Querflinte meines Vaters im Kaliber 16 machen dürfen. Natürlich musste zunächst die Trefferlage kontrolliert werden. Vor unseren Bungalow wurde ein großes weißes Bettlaken zwischen zwei Bäume gespannt und eine Entfernung von etwa 25 m abgeschritten. Onkel Hubert gab mir eine letzte Einweisung und bemühte sich, mir den Respekt vor dem Rückstoß zu nehmen. Dieser sollte im Vergleich zu meinem Kleinkaliber oder der Bockbüchsflinte sicherlich heftiger ausfallen. Die Waffe richtig eingezogen, war alles halb so wild. Wir kontrollierten Lage und Deckung der Schrote und waren mit dem Ergebnis zufrieden. Im Garten führte ich allerdings nach wie vor meinen geliebten Kleinkaliberstutzen. Die Schrotflinte meines Vaters durfte ich nur im Beisein meiner Eltern nutzen.

Ein Gewann in unserem Revier besaß den Namen „Hüll". Es erstreckte sich in der Länge vom Landhandel Schüller bis zum erhöht liegenden Autobahnkreuz, und in der Breite befand es sich zwischen der Autobahn nach Düsseldorf und der alten Bahnlinie. Am Fuße der steilen und hohen Böschung zum Autobahnkreuz befand sich eine nur etwa 30 m schmale, aber recht lange Parzelle, auf der Jahr für Jahr Kohl angebaut wurde. Weißkohl, Grünkohl und in diesem Winter Rosenkohl. Lange benötigte der Landwirt in der Regel, um diesen abzuernten. Bei Temperaturen weit unter dem Gefrierpunkt hatte sich in den vergangenen Tagen eine hohe Schneelage eingestellt. Die Nachmittagssonne wärmte selbst bei klarem Wetter nur wenig. Die aufrecht stehenden Rosenkohlpflanzen trugen am Kopf auf ihren dicken Blättern ein weißes Häubchen. Es war weit und breit die einzige noch vorhandene Deckung im Feld.

Vielleicht ließ sich dort noch der ein oder andere Fasanenhahn zur Strecke bringen. Ein Versuch war es allemal wert. Ich sollte vor Kopf des Feldes am Fuße der Böschung vorstehen. Hier konnte mich niemand mit der Flinte in der Hand sehen. Bei Schneelage nutzte ich im Garten inzwischen häufiger ein Schneehemd. Das weiße Laken mit Ausschnitten für den Kopf und die Arme, ließ einen beim Pirschen mit der Umgebung verschmelzen. Warum sollte dies also

Rosenkohl im Winter (Foto: ©kidza/stock.adobe.com)

nicht auch hier beim Vorstehen funktionieren? Onkel Hubert, meine Mutter und unsere Deutsch-Kurzhaar-Hündin Cora warteten ungeduldig, bis ich meine Position eingenommen hatte. Langsam setzten sie sich in Bewegung und schickten den Hund in die Suche. Sie sollten weniger als ein Drittel der Parzelle geschafft haben, da vernahm ich im leicht verharschten Schnee sich nähernde Geräusche. Sicher ein Hase, der die Flucht nach vorn suchte, dachte ich mir. Etwas Schnee rieselte von den Köpfen einiger Rosenkohlstängel. Aber immer noch konnte ich nicht ausmachen, was sich da näherte. Wie aus dem Nichts verließ plötzlich ein Fuchs die sichere Deckung, um sich in Richtung des schützenden Strauchwerks in der Böschung davonzustehlen. Für Jagdfieber blieb keine Zeit. Ich backte die Waffe an und ließ fliegen. Der Rote rollierte beim ersten Schuss.

Reineke auf der Flucht *(Foto: ©Milan/stock.adobe.com)*

Mein erster Fuchs! Jetzt stellte sich auch das Jagdfieber ein, und zwar umso heftiger. Mir pochte das Herz bis zum Hals, und meine Hände zitterten. Bis Onkel Hubert und meine Mutter bei mir ankamen, blieb mir genügend Zeit, um mich zu beruhigen. Sie hatten schon die ganze Wegstrecke gerätselt, was ich wohl beschossen haben mochte. Nur ein einziger Schuss, das Stück Wild müsste eigentlich liegen?! Aber ein Hahn war nicht in der Luft, vielleicht ein Kaninchen? Onkel Hubert war der Erste, der den Braten gerochen hatte, und er sollte recht behalten. Die beiden hatten ein Strahlen im Gesicht und gratulierten mir mit einem kräftigen Weidmannsheil.

Natürlich streifte der Kürschner Hubert den Roten. Er ließ den Balg gerben und setzte ihn auf eine dunkelgrüne Filzauflage auf. Ewig lange habe ich sein Geschenk in Ehren gehalten, bis die Hunde den Filz abgeknabbert und die Larven des Pelzkäfers den Balg aufgefressen hatten. Inzwischen sind unzählige Bälge hinzugekommen und zieren die Wand meines Jagdzimmers. Solange der Ausschuss nicht allzu groß und der Balg nicht allzu sehr beschädigt ist, lasse ich auch heute noch jeden Balg gerben. Und vielleicht gebe ich irgendwann einmal dem innigen Wunsch meiner Frau nach und lasse ihr aus den vielen Bälgen eine wärmende Fuchsdecke nähen.

Fuchsbälge am Haken

Jugend-Jagdschein

Es war nicht die Frage ob, sondern wann ich endlich meinen ersten Jagdschein in der Hand halten sollte. Zwei bis drei Jahre „Jagderfahrung" hatte ich nun schon auf dem Buckel. Natürlich angelernt und angeleitet von Onkel Hubert und meinen Eltern, aber auch angereichert mit einem kostbaren Wissensschatz aus dem Selbsterlebten. Ja, man könnte die Freiräume für fahrlässig halten, die mir meine Eltern damals zugestanden haben. Aber so durfte und konnte ich wertvolle Erfahrungen sammeln, die wesentlich zu meiner jagdlichen Reife und zu meiner lebenslangen Passion beigetragen haben. Nun, mit 15 Jahren, war es aber an der Zeit, meine Jagerei zumindest zum Teil mit dem Jugendjagdschein zu legalisieren.

Dabei stellte sich Anfang der 80er-Jahre noch nicht die Frage: Besuche ich einen halbjährigen Vorbereitungskurs der örtlichen Kreisjägerschaft, oder wähle ich den schnelleren Weg über eine Jagdschule? Die Ausbildung zum Jäger lag seinerzeit fest in der Hand der Jägerschaften. Jeder, der damals Jäger werden wollte, musste also ausreichend Zeit und Motivation für diesen beschwerlichen Weg mitbringen. Eine gute Voraussetzung, um nicht nur Jagdscheininhaber, sondern ein wahrer und im Idealfall passionierter Jäger zu werden. Aber sicherlich auch kein Garant, wie ich in dem von mir besuchten Kursus feststellen musste.

Heute ist die Frage nach dem Ort der Ausbildung, in der Jägerschaft oder in der Jagdschule, durchaus berechtigt. Der stoffliche Umfang und die Vermittlung des notwendigen Wissens sind bei beiden Wegen sicherlich vergleichbar, und letztendlich steht und fällt alles mit der Qualität der Ausbilder. Unterschiedlich ist aber unbestritten der Faktor Zeit. Hier läuft die Jagdschule insbesondere bei sehr komprimierten Kursen Gefahr, dass der Lernstoff für die Prüfung nur stupide und in kürzester Zeit auswendig gelernt wird. Verloren geht dann häufig die Fähigkeit, wichtige Zusammenhänge zu erkennen und einen Blick auf das Ganze zu entwickeln. Die Jägerschaften können in ihren zeitintensiveren Kursen den Vorteil nutzen, ihren Aspiranten mehr Raum und somit auch Möglichkeiten zu gewähren. Reviergänge, Exkursionen, praktisches Erlernen des Aufbrechens, der Einsatz als Treiber bei Bewegungsjagden, die ein oder andere Sonderschicht bei der Schießausbildung und die Teilnahme an Aktivitäten der örtlichen Jägerschaft schaffen die Möglichkeit, der Theorie ein Bild aus Natur und Praxis zuordnen zu können. Unschätzbar sind zudem die Kontakte untereinander und zu den örtlichen Jägern, die die Anwärter während ihres Lehrgangs aufbauen können. Wird diese Art der Ausbildung um ein Mentor- oder Lehrherr-Modell ergänzt, wie dies in Rheinland-Pfalz praktiziert wird, ist dies umso intensiver und hilfreicher. Viele Jungjäger haben mich in meiner Funktion als Hegeringleiter nach ihrer Prüfung gefragt, wie es denn nun weitergeht mit ihrem Jägerdasein. Den Schein in der Hand, aber ohne jegliche Jagdmöglichkeiten, fristen viele Jagdscheininhaber heute ein trostloses Dasein.

Aber ein fertiger und gerechter Jäger ist man nach Bestehen der Jägerprüfung in keinem der beiden Fälle. Geduld, Respekt, Verantwortungsbewusstsein und Demut vor dem Leben und der Natur sind die Grundvoraussetzungen, um sich das Recht zu erarbeiten, ein Stück Wild zu erlegen und somit einem Tier das Leben zu nehmen. Ein Gefühl und ein Verständnis für unsere Natur zu entwickeln ist Grundlage, um auch von Nichtjägern nicht nur als Nutzer, sondern auch als Naturschützer wahrgenommen zu werden. Die Akzeptanz und das Leben des jagdlichen Brauchtums dieses uralten Handwerks ist Grundstein, als Jungjäger unter den Arrivierten Anerkennung zu finden. All dies benötigt seine Zeit, egal, woher man kommt. Dabei hat es das Kind aus der Jägerfamilie, der Bauersohn oder die Bauerntochter sowie der Naturbegeisterte vielleicht etwas einfacher, aber auch sie müssen ihren Weg finden und gehen.

Ist dieser notwendige Prozess, diese unerlässliche Entwicklung jedem bewusst, dann relativiert sich die Frage nach Jagdschule oder Jägerschaft in gewisser Hinsicht und fokussiert die Qualität eines Jägers auf das Wesentliche.

Die Jägerprüfung

Die Schule ging mir prinzipiell leicht von der Hand, und so gab es auch kein Hindernis für zusätzliche schulische Anforderungen. Der Jagdscheinkurs fand in der Berufsschule unweit des von mir besuchten Gymnasiums in Erkelenz statt. Theo, ein guter Jagdfreund meiner Eltern, Hauptschullehrer und Ausbilder für Wildbiologie, wohnte im Nachbarort und plante, mich so oft wie möglich zu den abendlichen Kursen mitzunehmen. Beste Voraussetzungen also, die jagdliche Ausbildung ohne eine allzu große Belastung für meine Eltern zu beginnen. Der Kurs bestand aus etwa 30 Anwärtern und war bunt gemischt. Von jung bis alt, vom jagdlich Vorbelasteten bis zum reinen Theoretiker, vom Manta- bis zum Mercedesfahrer, es war alles dabei. Der Anteil an weiblichen Kursteilnehmern war allerdings äußerst gering. Nur zwei Frauen schickten sich an, in diese damalige Männerdomäne vorzudringen. Die eine mittleren Alters, groß und selbstbewusst, die andere etwas jünger, eher klein gewachsen und zurückhaltend. Zwei oder drei Teilnehmer besuchten den Kurs zum zweiten Mal, sie waren durch die letztjährige Prüfung gefallen, und die Möglichkeit zur Nachprüfung gab es seinerzeit noch nicht. Zu den Jüngeren in meinem Alter zählten Urban, der Sohn eines Spediteurs aus dem Nachbarort, dessen Vater bereits damals eine Hochwildjagd in der Eifel gepachtet hatte, und Willi, der brillante Tennisspieler, dessen Vater eine Tankstelle betrieb und ebenfalls schon viele Jahre zur Jagd ging.

Sicherlich lag es am vorhandenen Vorwissen und an meinem besonderen Interesse am Fach Wildbiologie, vielleicht aber auch am pädagogisch erfahrenen Lehrer Theo, dass mir diese Stunden am meisten Spaß bereiteten. Seine kurze Fragerunde zu Anfang jeder Stunde war zwar manchmal etwas mühsam und mitunter beschämend, regte aber jeden an, den Stoff nachzuarbeiten und fortlaufend am Ball zu bleiben. Für die Ausbildung in Waffenkunde war Gerd zuständig. Der spätere Hegeringleiter von Erkelenz kam zum ersten Mal als Ausbilder zum Einsatz und wirkte noch etwas unsicher. Er hielt sich strikt an die vorbereiteten Folien, und entsprechend trocken wirkten seine Ausführungen über Waffen und Munition. Seine Stärken lagen eher in der Schießausbildung, bei der seine ruhige und gelassene Art zu einem unschätzbaren Vorteil wurden. Sehr gewöhnungsbedürftig war die Ausbildung in Jagdrecht. Der Dozent war älteren Jahrgangs, von kauziger und zuweilen etwas sonderbarer Natur.

Er war meinen Eltern schon aus früheren Jahren bekannt, und sie hatten ihn in unangenehmer Erinnerung. So wurden sie einmal zusammen mit ihrer Bläsergruppe von einem seiner Mitpächter zu einer Treibjagd eingeladen. Gemeinsam freute sich die Gruppe erfahrener Niederwildjäger auf eine abwechslungsreiche Jagd in einem der struktur- und wildreichen Reviere in der Nähe von Wegberg. Hätten sie gewusst, dass sie dort nur als bewaffnete Treiber eingesetzt wurden, die sich durch mannshohe Brombeerschläge kämpfen mussten, sie wären lieber zu Hause geblieben. Als der Jagdherr, unser Ausbilder, sie dann auch noch herrisch und lautstark anfeuerte, doch etwas reger zu treiben und auch mal gegen die Bäume zu klopfen, war klar, zu was sie hier missbraucht wurden. Beim abendlichen Schüsseltreiben wurde zu allem Überdruss strikt zwischen Jägern und Treibern getrennt. Die bevorzugte Jagdgesellschaft saß im Saal und ließ sich das reichhaltige Essen schmecken, das Fußvolk inklusive meiner Eltern mit Freunden hockte hingegen vorn im Kneipenbereich und bekam eine Runde Getränke spendiert. Aber da hatte der Geizige nicht mit meinem Vater gerechnet. Dieser ging zielstrebig in die Küche und wies die Wirtin an, für alle Treiber üppig bestückte Schnittchenplatten vorzubereiten. Beim Bezahlen der Getränke gab er, zum Gehen gewandt, den Hinweis, der grau melierte Jagdherr am Kopf des Tisches werde die Rechnung der Speisen übernehmen, und er hatte dabei ein verschmitztes Lächeln auf den Lippen.

Seine herablassende Art ließ er uns Jagdschüler fortwährend spüren und schoss dabei vielfach weit über das erträgliche Maß hinaus. Einmal baute er sich zu Beginn einer Stunde breitbeinig vor der Gruppe auf und sprach süffisant und ganz bewusst die beiden Frauen in der Runde an. Er kreierte ein Szenario, bei dem ein krankgeschossener Hase klagend und zappelnd auf dem Boden lag. Nun wollte er von den beiden wissen, was zu tun sei. Währenddessen riss er sich unvermittelt den Schal vom Hals, warf diesen in die Ecke des Klassenraumes und wies ausgerechnet die zurückhaltendere der beiden Jagdschülerinnen an, nach vorn zu kommen, um zum finalen Genickschlag anzusetzen. Völlig irritiert und zaghaft nahm sie den Schal auf und bemühte sich, die Theorie in Worte zu fassen. Da riss er ihr ungeduldig den „Kranken" aus der Hand und schlug zu, bis ihm das Gesicht rot anlief. Beim Mantafahrer mit Fuchsschwanz an der Antenne traute er sich solche Eskapaden längst nicht mehr. Da gerade keine Waffe zur Hand war, ließ der Lehrherr uns Jägerburschen ein paar Wochen vorher mit einem Besen in Anschlag gehen, um diesen auf seine Qualität hin zu überprüfen. Als der nicht auf den Mund gefallene Opelfahrer an die Reihe kam, brach dieser den Besen über dem Knie durch und entgegnete ihm, dass er die Flinte zuerst noch laden müsse. Das Gelächter war laut und schallend, und wiederum lief das Gesicht des Hochnäsigen tiefrot an. Leider war mit diesem Auftritt auch das Prüfungsergebnis des Spaßvogels vorweggenommen und sein beklagenswertes Schicksal besiegelt. So gab es viel Licht, aber auch Schatten bei meiner Ausbildung zum Jäger. Es bleibt die Erkenntnis, dass die Qualität einer Ausbildung stets von der Qualität der Lehrkräfte abhängt – das war damals so und ist es auch heute noch.

Der „BLASE – Die Jägerprüfung" war das Standardwerk dieser Zeit und auch unser Begleiter auf dem Weg zum Jagdschein. Inzwischen gibt es dieses fast 1.000 Seiten starke Buch im Frage-Antwort-Schema schon in der 34. Auflage. Mir persönlich war es schon damals zu unstrukturiert und mit seiner üppigen Seitenzahl auch kaum von vorn bis hinten studierbar. Beschränkte man sich auf einzelne Sachverhalte, waren diese oft nur kompliziert und zeitaufwendig zu finden. Da waren mir die übersichtlichen und auf das Wesentliche reduzierten Skripte unserer Lehrkräfte allemal lieber. Den BLASE gibt es heute immer noch, von Auflage zu Auflage überarbeitet und jeweils auf den aktuellen Wissensstand gebracht, geblieben ist sein etwas gewöhnungsbedürftiger Aufbau. Längst hat sich daneben der Markt pädagogisch gut aufbereiteter Lehrmaterialien, die sich zeitgemäß bei Weitem nicht mehr nur auf die Buchform beschränken, schier unüberschaubar weiterentwickelt. Hier muss jeder Prüfling seinen eigenen Weg finden, wie er am effektivsten lernt, um sich bestmöglich auf die Prüfung vorzubereiten.

Zum Schießtraining wurde ich stets von meinem Vater begleitet, damit ich seine neue Bockflinte zum Üben nutzen konnte. Die Winchester im Kaliber 12 lag recht passend, und die Ergebnisse auf dem kleinen Trapstand in der Nähe von Heinsberg waren von Anfang an zufriedenstellend. Den letzten Schliff erhielt ich von unserem Schießtrainer Gerd. So gelangen mir im Vorfeld einige Runden mit neun oder zehn getroffenen Tauben. Auch das Kugelschießen bereitete mir wenig Probleme. Auf dem 100-m-Kugelstand kam mir das jahrelange Schießen mit dem Kleinkaliber zugute. Selten ging ein Schuss in die niedrigen Ringe oder sogar ganz vorbei. Dem praktischen Teil der Prüfung sah ich demzufolge mit einer gewissen Gelassenheit entgegen. Auch die schriftliche Prüfung bereitete mir keinerlei Kopfschmerzen, wurden hier doch eher Grundlagen abgefragt, und die hatte ich inzwischen längst verinnerlicht.

1980: Ohne Probleme, stehend angestrichen auf den Rehbock

Die mündliche Prüfung war hingegen kaum kalkulierbar. Die Prüfer genossen einen strengen

Ruf, und wenn sie wollten, konnten sie einen problemlos durchfallen lassen. Theo übernahm die Prüfungsvorbereitungen von Urban und mir. Gemeinsam saßen wir abends zusammen, und bemühten uns, seine Fragen zufriedenstellend zu beantworten. Dass ich im Gegensatz zu Urban noch wenig Erfahrung mit Hochwild hatte, war deutlich zu merken und machte ein paar Sonderschichten erforderlich.

1981: Prüfung auf dem 100-m-Stand

Die schriftliche Prüfung hatten alle Kursteilnehmer bestanden, das große Zittern begann erst bei der anschließenden Schießprüfung. Bedauernswert war derjenige, der sich kurz zuvor den linken Arm gebrochen hatte und sich, die Waffe auf den Gips auflegend, mühte, die geforderten drei Tauben vom Himmel zu holen. Heute schwer vorstellbar, aber damals zeigte die Prüfungskommission kein Erbarmen, und so führte seine körperliche Einschränkung zum Nichtbestehen der Prüfung. Auch der Doktor aus der Führungsetage der Zeche Sophia-Jacoba aus Hückelhoven musste bei diesem Prüfungsteil die Segel streichen. Der etwas Unnahbare war in der Theorie mit Abstand der Beste unseres Kurses. Aber hier auf dem Schießstand, dem Prüfungsstress ausgesetzt, verlor er völlig die Nerven. Jahre später habe ich ihn im Rahmen meines studienbegleitenden Praktikums beim Forstamt Mönchengladbach auf einer Jagd wiedergetroffen. Inzwischen mit dem ersehnten Schein ausgestattet, schoss er mich bei der Fasanenjagd beinahe über den Haufen. Als er im nächsten Treiben einen Schwarzspecht mit einer Rabenkrähe verwechselte und diesen Gott sei Dank fehlte, wurde mir noch einmal deutlich vor Augen geführt, dass auch ein noch so intensiver und guter Ausbildungskurs kein Garant für einen guten und gerechten Jäger ist. Leider musste auch Willi, das Tennistalent, das Feld räumen. Ihm war der Sport wichtiger als die von seinem Vater so geliebte Jagd. Er wiederholte den Kursus nicht und berichtete mir viele Jahre später, dass er dies auch nie bereut habe.

Die erste Taube löste sich in Staub auf, die zweite torkelte nach einem Randtreffer ins Gebüsch, und die fünfte machte schließlich einen Haken unter diesen Prüfungsteil. Auf dem Kugelstand lief es ebenso passend. Nach vier Schüssen hatte ich die notwendigen 30 Ringe erreicht und somit die Schießprüfung ohne Probleme gemeistert. Erleichtert kehrte der Kurs in der Gaststätte Janses Mattes ein und machte sich bei dem ein oder anderen Bier Mut für die letzte und wohl schwierigste Hürde. Hektisch wurde in den kommenden Tagen mit denjenigen telefoniert, die in den ersten Gruppen der mündlichen Prüfung an der Reihe waren. Vielleicht würde ja einer der Prüfer seine Fragen wiederholen? Das meiste war uns geläufig, aber manches ließ uns auch die Stirn runzeln. Wurzelbrut? Ich hatte noch nie etwas davon gehört, und auch im Blase war nichts darüber zu finden. Nachgeschlagen, erfuhr ich, dass dies die Bezeichnung für die von Baumwurzeln endogen gebildeten Sprossen sind, die der vegetativen Ausbreitung dienen. Meine Prüfungsgruppe wurschtelte sich mehr schlecht als recht von Frage zu Frage durch. Bei Nichtbeantwortung wurde an den nächsten Prüfling weitergereicht, und als wir zur Wurzelbrut kamen, lachte ich innerlich und konnte es kaum erwarten, bis ich an der Reihe war. Bei der Bekanntgabe der Ergebnisse wurde meiner Gruppe bescheinigt, dass sie die schlechteste von allen gewesen sei, aber dass wir dennoch alle bestanden hätten. Über Sinn und Unsinn dieser Aussage dachten wir bei all der Freude nicht lange nach.

Als Prüfer im Fach Kenntnis der Tierarten, Wildbiologie, Wildhege und Naturschutz sitze ich heute auf der anderen Seite des Tisches. Mit einem klar begrenzten Fragenkatalog für jeden Prüfling bemühe ich mich, jedem Einzelnen ein nahezu gleich großes Zeitfenster zu geben, und reiche deshalb auch keine Fragen weiter. Häufig sind die Kandidaten so nervös, dass die Antworten eben nicht wie aus der Pistole geschossen abgegeben werden. Ein Nachhaken mit kleinen Hilfen entlockt ihnen aber meist doch noch die richtige Antwort. Ein guter Mix aus leichten und schwereren Fragen, mit dem Schwerpunkt auf den Wildarten, die in unserer Region vorkommen und die somit vornehmlich dem Niederwild angehören, hat bisher immer ausgereicht, um keinen durchfallen lassen zu müssen. Dabei ist die Zahnformel des Dachses eher unwichtig, der Sachverhalt, dass die Fasanen dort, wo sie es können, aufbaumen und sicher vor Fressfeinden hoch oben in den Bäumen schlafen, schon.

Endlich legal jagen?!

Ich hatte meinen 16. Geburtstag noch nicht gefeiert und musste mich bis zum Lösen meines ersten Jagdscheines noch ein paar Wochen gedulden. Der Rehbock war zwar inzwischen offen, aber dieser stand in unserem Niederwildrevier nicht auf meiner Jagdagenda. Hier und da ein Kaninchen aus dem Badezimmerfenster oder im Revier vom Auto aus, aber ansonsten war es über den Sommer jagdlich wie immer eher etwas ruhiger. Bis zum Aufgang der Fasanenjagd war es auch noch ein paar Wochen hin, und endlich blieb auch wieder etwas mehr Zeit für die anderen Dinge des Lebens.

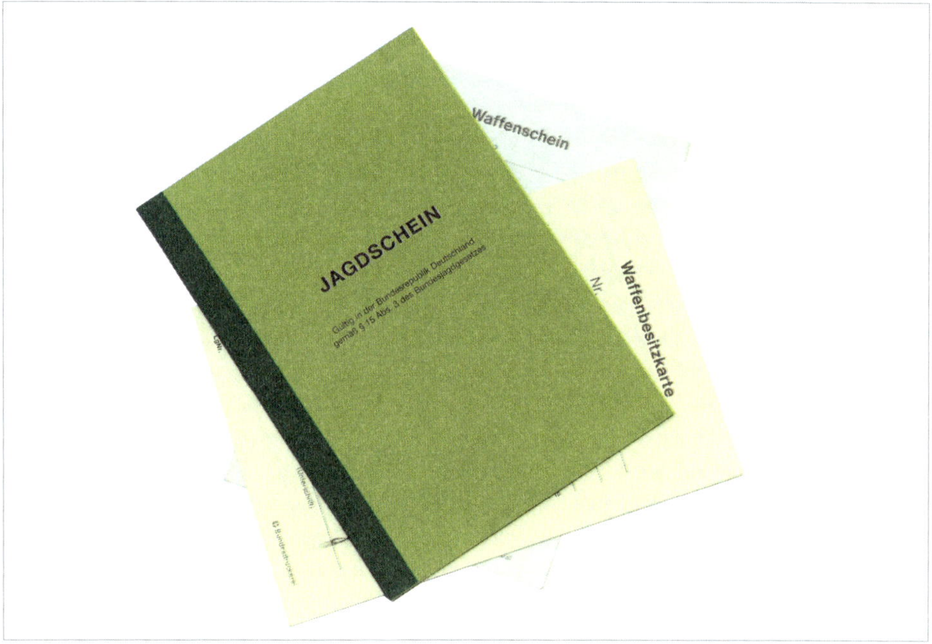

Jagdschein (Foto: ©Peter Faber/stock.adobe.com)

Der Jugendjagdschein berechtigt nur zur Ausübung der Jagd in Begleitung des Erziehungsberechtigten oder einer von diesem schriftlich beauftragten und jagdlich erfahrenen Aufsichtsperson. In diesem Falle ist das Führen von Waffen und Munition erlaubt. Eine Teilnahme als Schütze an Gesellschaftsjagden ist nicht zulässig. So definieren die einschlägigen Jagdgesetze den Jugendjagdschein. Für mich war dieser ein erster Schritt auf dem Weg, legal jagen zu dürfen, mehr aber auch nicht. Nun war das Piddeln mit Onkel Hubert und meiner Mutter gefahrlos möglich, und ich musste endlich nicht mehr die Flinte in die Rüben werfen, wenn das Risiko bestand, dass mich jemand beobachtete. Hinzu kamen die Baujagd an den

Rundballenmieten auf den Fuchs und das Frettieren auf Kaninchen, aber auch nur dann, wenn weniger als vier Schützen beteiligt waren. Waren es mehr, galt es bereits als Gesellschaftsjagd und war für mich daher nach wie vor tabu. Auch mein eigenständiges Jagen im Park war mangels einer Begleitperson offiziell eigentlich noch nicht erlaubt.

©DaniRodri/stock.adobe.com

Mehr kümmern als jagen

Onkel Huberts Augen wurden inzwischen immer schlechter. Kaum noch konnte er beim abendlichen Ansitz unter den Eiben die Tauben oben in den Birken sitzen sehen, geschweige denn eine von ihnen herunterholen. Da half auch das überdimensionale Leuchtkorn auf seiner Flinte wenig. Bald durfte er dann auch nicht mehr selbst mit dem Auto zu uns fahren und musste entweder geholt oder von seiner Frau gebracht werden. Aber er wollte in keinem Fall jemandem zur Last fallen, und folglich kam er immer seltener ins Revier. Es tat weh, dies miterleben zu müssen.

Aber nun hatte ich ja den Jagdschein, die Passion ohnehin und eigentlich auch die Zeit, um mich um viele Dinge im Revier zu kümmern. So zumindest lautete die einfache Formel meiner Eltern. Ein wenig hatten sie dabei vergessen, dass man mit 16 Jahren natürlich auch noch andere Dinge und manchmal auch Flausen im Kopf hat. Die erste Freundin, der beste Freund, Sport, Musik und die Schule nicht zu vergessen. Tatsächlich gehörten trotz des langersehnten Jugendjagdscheins die kommenden zwei Jahre bis zum Lösen des ersten vollwertigen Jagdscheins zu der Zeit in meinem Leben, in der ich am wenigsten gejagt habe. So richtig durfte ich ja auch noch nicht dabei sein. Ich war immer noch einer der jugendlichen Treiber und musste dem Geschehen zuschauen. Elisabeth, die Tochter unseres Nachbarn Clemens, erlegte bei Schnee ihren ersten Fuchs auf einer kleineren Gesellschaftsjagd in unserem Revier. In der gleichen Kohlparzelle wie ich Jahre zuvor, aber was wurde hieraus für ein Bohei gemacht. Mehrere Schützen hatten den seitlich aus dem Kohl wechselnden Fuchs beschossen. Ob Elisabeth wirklich die Schützin war, sei dahingestellt. Aber ihr wurde er letztlich zugeschrieben, um einen Anlass zu haben, sie am Abend zur Jägerin zu schlagen.

1982: Elisabeth, die stolze Schützin

Ein Gefühl von Unverständnis und vielleicht auch etwas Neid kamen in mir auf. Warum sie und nicht ich, der ich doch schon so viel mehr Jagderfahrung hatte? Ich hatte das Bedürfnis, ernst genommen zu werden, aber war in den Augen der Arrivierten doch eher noch der jugendliche Jungjäger, der sich erst einmal beweisen musste. Aber Geduld ist nun mal nicht die Stärke von pubertierenden 16-Jährigen. Viel Zeit und auch Mühe waren notwendig, um viele Jahre später die Anerkennung zu erhalten, die ich mir damals schon erhofft hatte.

1982: Jägerschlag mit Prüfungsgremium (Josef, Franz-Josef, Theo)

Natürlich war ich in dieser Zeit jagdlich nicht völlig enthaltsam. Dafür steckte das Verlangen, draußen zu sein, sich um das Wild und um das Revier zu kümmern und natürlich auch zu jagen, zu tief in mir drin. Den Beutegreifern Fuchs, Elster und Krähe stellte ich nach wie vor unnachgiebig nach. Die inzwischen weniger werdenden Fasanen versuchte ich durch Fütterung im Winter im Revier zu halten. Die Jagd auf Kaninchen schlief jedoch fast völlig ein. Die menschengemachte Myxomatose hatte die Bestände dahingerafft und ließ keine intensive Bejagung mehr zu.

Fasanentief

Nach vielen Jahren mit üppigen Fasanenstrecken mussten wir Ende der 70er-Jahre in unserem Revier einen deutlichen Rückgang der Bestände und folglich auch der Strecken feststellen. Dass jedem Schützen auf den Treibjagden noch der Abschuss einer Henne zugestanden wurde, gehörte schnell der Vergangenheit an. Zur Schonung der Zuwachsträger wurden nur noch Fasanenhähne freigegeben und die Hennen konsequent geschont. Wir stellten diesen Rückgang der Population deutlich an der Fasanenfütterung im Park fest. Konnten wir Kinder Jahre zuvor im Winter noch bis zu 100 Fasanen vom Wohnzimmerfenster aus beobachten und zählen, waren es jetzt nur noch wenige, die sich über die Weizenspreu unter den dicken Buchen hermachten.

Fasanenhähne an der Fütterung (Foto: ©Jesse/stock.adobe.com)

Schon damals grübelten wir über die Ursachen, beim Abendbrot mit Onkel Hubert, bei den Schüsseltreiben im Anschluss an die großen Treibjagden, auf den Hegeringversammlungen und bei vielen anderen Gelegenheiten und Treffen mit unseren Jagdfreunden. Könnte man es an einem einzigen Grund wie einer seuchenhaften Krankheit, einem besonders nassen Frühjahr oder einer bestimmten landwirtschaftlichen Maßnahme festmachen, wäre es jedem sofort einleuchtend gewesen. Aber wie immer in der Natur war und ist die Antwort viel komplexer, als man sie sich wünschte.

Fasanen zeigen in der Regel kein einheitliches Krankheitsbild. Aber eine Vielzahl an kleineren Krankheiten bei gleichzeitig schlechter Ernährungssituation führt insgesamt zu geschwächten Individuen. Kommen in der Hauptbrut- und Hauptschlupfzeit in den Monaten von Mai bis Juli kühle Temperaturen mit gleichzeitig hohen Niederschlägen hinzu, haben es die angeschlagenen Hennen schwer, für den notwendigen Nachwuchs zu sorgen. Die flurbereinigte und intensivierte Landwirtschaft mit immer kleiner werdenden geeigneten Biotopen, in denen Fasanen, Rebhühner und Co ausreichend Wildkräuter und Insekten als Nahrungsressource vorfinden, tut dann bei der Aufzucht der Küken ihr Übriges. Zusammen betrachtet ein Komplex aus Faktoren, der die Lebensbedingungen für den Fasan insgesamt ungünstiger werden lässt und der sich nicht von jetzt auf gleich, sondern als schleichender Prozess über Jahre hinweg einstellt.

Fasanengelege (Foto: ©DeStefano/stock.adobe.com)

Gerät dann ein Bestand einmal ins Trudeln, kann es ganz schnell gehen. Die Hauptbrutzeit der Fasanen liegt in der Zeit von Anfang Mai bis Ende Juni. Dabei beteiligen sich fast alle Hennen an der Brut. Gehen die Erstgelege verloren, können die Hennen ein Zweitgelege anlegen, dieses weist dann aber gut ein Drittel weniger Eier auf. Im Schnitt schlüpfen aus Erstgelegen gut zehn und aus Zweitgelegen nur noch knapp sieben Küken. Der Fasan brütet im Offenland vorwiegend im Getreide und erzielt dort meist einen höheren Bruterfolg als in Randstrukturen wie Hecken, Gehölzen sowie Wald- und Wegerändern. Diese Randhabitate nutzen Beutegreifer gerne als Jagdrevier und verursachen dort überdurchschnittliche Hennen- und Gelegeverluste. Die Hennen fallen hier vorwiegend Füchsen, Mardern, anderen Raubsäugern und Greifvögeln zum Opfer. Bei den Gelegeverlusten kommen signifikant die Rabenvögel als Verursacher hinzu. Die Eierschlupfrate der verbliebenen Gelege liegt dann aber mit 80 % recht hoch. Für ein Überleben der kleinen Küken sind in der Folge eine passende Ernährung und ein rasches Wachstum notwendig. Dabei besteht die Nahrung bis zu einem Alter von zwei Wochen fast vollständig, in der dritten Lebenswoche noch zur Hälfte und danach kaum noch aus tierischer Nahrung. Ein ausreichendes Angebot an Insekten in den ersten drei Wochen ist also entscheidend für die Überlebensrate der kleinen Vögel. Ist dieses Angebot jedoch zu gering und muss die Henne mit ihrem Nachwuchs zu weit umherstreifen, um die kleinen Schnäbel satt zu bekommen, sinkt die Überlebensrate der Küken rasant. Ein schlechter Ernährungszustand führt meist zu einem geschwächten Immunsystem und somit zu einer höheren Anfälligkeit für Krankheiten.

Ein Rechenbeispiel auf der Basis der Ergebnisse langjähriger Untersuchungen einer Fasanenpopulation aus Niedersachsen zeigt: Nimmt man 100 Hennen als Ausgangsbesatz, die einen Bruterfolg von 40 % bei einer durchschnittlichen Gelegegröße von acht Eiern erreichen, schlüpfen bei einer Schlupfrate von 80 % 256 junge Küken. Die eine Hälfte davon weiblich, die andere Hälfte männlich. Bis in den Sommer überleben hiervon nur etwa 30 %, also 38 Hennenküken. Der Winter rafft durchschnittlich noch einmal 50 bis 80 % des Nachwuchses dahin, sodass nur 19 bis 30 weibliche Küken das nächste Frühjahr erreichen. Zuzüglich der Hälfte der Althennen, die den Winter überleben, errechnet sich ein theoretischer Besatz im kommenden Frühjahr von nur noch 69 bis 80 Hennen, insgesamt also ein sinkender Bestand. Verändert man im Rechenmodell die Variablen zum Beispiel durch eine intensive Bejagung der Prädatoren und das konsequente Schonen der Althennen zugunsten des Bruterfolges um 10 %, verbessert man zwar die Situation, bleibt aber immer noch unter dem Ausgangsbestand. Erst die Verbesserung des Kükenüberlebens um 10 % führt zu nachhaltig ansteigenden Populationsgrößen. Hierfür entscheidend ist letztlich ein ausreichendes Angebot an tierischer Nahrung in der Aufwuchsphase der jungen Küken, und dies ist nur durch Biotopaufwertungen und eine Extensivierung der Landwirtschaft zu erreichen.

Sowohl die Prädatorenbejagung als auch das Füttern der Fasanen waren bei uns im Revier gängige Praxis. So beschickten wir unsere Fasanenschütten nicht nur im Park, sondern auch im Rest des Reviers. Wir achteten darauf, dass die Schütten möglichst unzugänglich für den Habicht waren und legten nebenan Sandflächen an, in denen die Fasanen hudern und Magensteine zur besseren Verdauung aufnehmen konnten. Als Futter verwendeten wir Kaff, also Getreidespreu, und füllten diesen mit Weizen auf. Natürlich kam auch etwas Mais hinzu, aber nicht ausschließlich und vor allem nicht zum Frühjahr hin. Ein maisreiches Futter lässt die Hennen verfetten und senkt deren Fortpflanzungsfähigkeit. „Hungermonat allerwärts ist der März", predigte schon Wildmeister Hans Behnke, und so fütterten wir bis weit in das Frühjahr hinein. Aber auf die Idee, dem fortschreitenden Biotopverlust entgegenzuwirken, kamen wir nicht. Es fehlte schlichtweg zu dieser Zeit noch am gesamtheitlichen, ökologischen Verständnis.

Da kam man schon eher auf die Idee, mit dem Aussetzen von Fasanen die Bestände entsprechend wieder aufzufüllen. Kein Aussetzen rein für die Jagd, sondern möglichst ein Auswildern zahmer Vögel, um die nebulösen Verluste auszugleichen, das war unser Ansinnen. Hierzu funktionierten wir den großen Hundezwinger vor der Villa meiner Großmutter kurzerhand in eine Aufzuchtvoliere für Fasanen um. Der vordere Hundeauslauf wurde von der 10 m^2 großen ehemaligen Hundehütte durch eine Tür abgetrennt, das Fenster mit Drahtgeflecht und schließbaren Fensterläden versehen. Zwei große Rotlicht-Wärmelampen sorgten dafür, dass sich die kleinen Küken in der warmen Hütte wohlfühlten. Eine ganze Zeit lang blieben die kleinen Fasanen im geschlossenen Raum, so lange, bis sie zu groß wurden und sich gegenseitig zu hacken und manchmal sogar aufzufressen begannen. Dann wurde die Luke zum hinteren Hundeauslauf geöffnet. Von dort konnten die Fasanen einen eingezäunten und mit Netzen nach oben gesicherten, fast 400 m^2 großen Auslauf erreichen. Hohes Gras und einige kleinere Kiefern boten dem Jungwild hier ausreichend Deckung.

Fasanenvoliere (Foto: ©Oleksandr/stock.adobe.com)

Wurde es zum Ende des Sommers auch dort langsam zu eng und begannen die Hähne auszuschildern, öffneten wir die Tür des Auslaufs und boten den Halbstarken die Möglichkeit, den großen Park zu erkunden. Wir fütterten so lange weiter, bis nur noch wenige zum Abend hin zurückkehrten und den Schutz der Voliere suchten. Drei Jahre in Folge hegten und pflegten wir mit viel Aufwand diesen künstlichen Nachwuchs, aber der Erfolg im Revier blieb letztlich aus. Heutige Untersuchungen zeigen, dass wilde Fasanen über das Jahr hinweg zu etwa 40 % unseren Prädatoren zum Opfer fallen.

Bei ausgesetzten Fasanen steigt diese Rate jedoch auf bis zu 80 % an, und insgesamt überleben oft nur 5 %. Die Einzigen, die also tatsächlich von Fasanenaussetzungen profitieren, scheinen unsere Beutegreifer zu sein. Da half auch unser Bemühen, die Hühnervögel möglichst naturnah aufzuziehen, wenig. Offensichtlich fehlte es ihnen an Wahrnehmungs- und Fluchtfähigkeiten, und so wurden sie zur leichten Beute für das Raubwild. Die große Gefahr bestand sogar darin, dass man Fuchs, Marder und Co anlernte, Fasanen als bevorzugtes Beutetier zu wählen und somit die wilden Bestände zusätzlich gefährdete. Ob die Handvoll überlebender Fasanen sich dann wenigstens fortpflanzte, stand zudem infrage. Der ein oder andere Hahn mehr auf der Jahresstrecke, aber viel mehr brachten unsere aufwendigen Bemühungen nicht ein.

Das erst viele Jahre später entwickelte Höckeler Modell versucht heute, unsere Fehler von damals zu vermeiden. Natürlich ist auch hier eine intensive Prädatorenbejagung mit Flinte und Falle im Vorfeld Grundvoraussetzung für das Gelingen. Das Modell hat zum Ziel, ausschließlich autochthone Fasanen aus Eiern örtlicher Bestände artgerecht auszuwildern und ausreichend wilde und überlebensfähige Vögel in die Natur zu entlassen. Dabei werden nur Eier aus ausgemähten Gelegen oder von eingefangenen Elterntieren aus dem eigenen Revier oder einem Revierverbund verwendet. Diese Eier lässt man von Zwerghuhnhennen ausbrüten und wildert die Heranwachsenden mit zwölf Wochen in speziellen Volieren im Revier aus. Der Standort dieser Auswilderungsvolieren muss möglichst passend gewählt werden und sollte an strukturreichen Orten mit ausreichend Sonne, aber auch genügend Schatten, in der Nähe von Blühstreifen für Deckung und Nahrung und am Rand von Feldgehölzen mit der Möglichkeit zum Aufbaumen liegen. Das Zwerghuhn soll zunächst die Voliere nicht verlassen können, um die Kleinen immer wieder zur sicheren Einzäunung und zum Futter zurückzulocken. Erst nach etwa vier Wochen können dann alle das Gehege verlassen, Stiefmutter und Kinder. Der Vorteil dieses Modells liegt neben der recht natürlichen Auswilderung auch darin, dass bei der Verwendung von autochthonen Fasanen die Einschränkungen des aktuellen Landesjagdgesetzes beim Aussetzen von Wild nicht gelten und eine schriftliche Anzeigepflicht bei der Unteren Jagdbehörde entfällt.

JAGDSCHEIN

©bergringfoto/stock.adobe.com

Zu meinem 18. Geburtstag hielt ich ihn endlich in der Hand, meinen ersten Jahresjagdschein. Ab jetzt gehörte ich vollwertig dazu, so zumindest das Gefühl, das sich bei mir einstellte. Ich würde nun gleichberechtigt neben Josef, Karl und Rolf jagen dürfen, diesen drei erfahrenen Niederwildjägern, die mich von Kindesbeinen an kannten und den Jagdkönig fast immer unter sich ausmachten. Meine Eltern schenkten mir meine erste Flinte, eine Beretta Bockdoppelflinte im Kaliber 12/70. Der Schaft nicht aus edlem Holz und die Basküle ohne aufwendige Gravur, aber eine leichte und führige Gebrauchsflinte, die mir gut lag. Sie war der erste Eintrag in meiner noch blanken Waffenbesitzkarte, und sie führe ich auch heute noch. Jetzt konnten die großen Hasentreibjagden kommen. Zum Herbst hin stapelten sich die damals meist als Postkarte versandten Jagdeinladungen auf dem Schreibtisch meines Vaters. Auch in diesem Herbst gingen zahlreiche Karten ein, aber die meisten waren an ihn gerichtet, einige zusätzlich an meine Mutter und nur eine einzige auch an mich. Das war schon etwas ernüchternd, hatte ich mir insgeheim doch mehr erhofft. Aber die Jagdgesellschaften waren fast immer mehr oder minder geschlossene Gruppen, die Jahr für Jahr eingeladen wurden. Das war nicht nur auf anderen, sondern auch auf unserer eigenen Jagd Tradition. Natürlich war mir dies bewusst, aber gehofft hatte ich schon ein wenig.

Die Einladung zur Treibjagd im Nachbarort kam von Wilfried. Der Bauunternehmer hatte für meine Eltern unser Zuhause, den Bungalow am Rand des Parks, gebaut und war schon lange ein guter Freund der Familie. Wilfried war passioniert, führte zeit seines Lebens Kleine Münsterländer und schätzte neben der Jagd vor allem die Geselligkeit der großen Gesellschaftsjagden. Er war äußerst großzügig und lud stets auch die Jungjäger der Nachbarschaft zu seinen Jagden ein. Dies ist auch heute noch so, wenn er zur Drückjagd in die Eifel lädt. An der Immerather Hasentreibjagd beteiligten sich damals mehrere Reviere, sodass Strecken von bis zu 300 Hasen keine Seltenheit waren. Das Treiben zwischen dem Ort und der Autobahn war für ein Standtreiben ungünstig geschnitten und wurde als Kesseltreiben durchgeführt. Zu Beginn des Treibens waren die Abstände der Schützen zueinander enorm groß, und äußerste Disziplin war angesagt, wollte man die Hasen nicht zu weit beschießen und Gefahr laufen, dass sie nur ein paar Schrote abbekamen und später irgendwo verendeten. Zu meiner Linken ging ein Treiber, und dahinter reihte sich ein weiterer Jungjäger ein. Er war einige Jahre älter als ich und hatte fortwährend eine Zigarre im feuchten Mundwinkel. Der uns anwechselnde Hase bog weit vor mir ab und suchte die Lücke zwischen Treiber und Zigarrenraucher. Die beiden Schüsse ließen den Hasen nicht zeichnen. Ich blieb dennoch stehen und schaute ihm noch einige Zeit hinterher. Nicht so der Schütze, der unvermindert seinen Gang zur Mitte des Treibens fortsetzte. Etwa 300 m lief der Hase, ohne sein Tempo zu verringern, dann urplötzlich wurde er langsamer, begann zu straucheln und legte sich verendet auf den Rücken. Nur mit Mühe konnten wir den dampfenden Jäger bewegen, den Hasen zu holen. Wieder eingereiht, qualmte es nicht nur aus dem Mund, sondern der ganze Körper schien in Nebel gehüllt.

„Treiber in den Kessel"
(Foto: ©Countrypixel/stock.adobe.com)

Die Schützen waren bald nahe genug beieinander, und gleich musste das Signal „Treiber in den Kessel" ertönen. Die ersten Hörnerklänge waren am Horizont schon zu vernehmen, und auch der Jungjäger setzte zum Signal an. Er blies jedoch irgendwelche Töne, nur nicht die erwarteten. Die Schützen rundum verhofften und ließen Treiber und Hundeführer in den Kessel ziehen. Der ein oder andere Jäger schloss sich mit geknickter Flinte an, wenn es die Abstände rechts und links von ihm hergaben. So auch der Zigarrenfreund, der seine Flinte allerdings noch geschlossen führte. Er trat den Hasen selbst aus der Sasse, ging in Anschlag und ließ ihn mitten im Kessel rollieren. Jetzt war das Maß voll. Friedrich, Wilfrieds Schwager, ein groß gewachsener, stattlicher Landwirt und Beständer im Nachbarrevier Gut Kaiskorb, hatte das Geschehen von Beginn an genau beobachtet und lief nun wild gestikulierend und vor Wut schäumend quer durch das ganze Treiben auf den immer kleiner werdenden Jäger zu. Die Schimpftiraden waren bis ans andere Ende des Treibens zu hören. Strenge Disziplin sämtlicher Jäger, Hundeführer und Treiber war auf allen Jagden unbedingte Pflicht, wurde ohne Abstriche eingefordert und war ein wichtiger Garant dafür, dass es nicht zu Jagdunfällen kam. Der Jungjäger hatte mit seinem Verhalten diesen Bogen völlig überspannt, und brandgefährlich war es allemal.

Im nächsten Treiben stand unsere Schützenreihe recht eng, gut 30 m vor einer Gründüngungsparzelle. Mein Nachbar beschoss einen Hasen, der sich anschließend krank im gehäckselten Vorgewende drückte. Ich zögerte kurz, beschoss den Kranken dann aber erneut. Von rechts und links ertönte sofort ein Weidmannsheil. Ich war überrascht, denn das war gar nicht mein Anliegen gewesen. Ja, beim Schrotschuss gilt Totschuss, und der letzte Schuss, der das Wild verenden lässt, ordnet es dem Schützen zu. Das wusste ich natürlich, aber mir war es eigentlich viel wichtiger, den angeschossenen Hasen von seinen Qualen zu erlösen, als persönlich Strecke zu machen. Der ein oder andere Arrivierte verbuchte mein Tun unter Ungestüm eines Jungjägers, für mich war es einfach nur weidgerechtes Jagen. Aber irgendwie schien bei mir etwas hängen geblieben zu sein. Im Jahr darauf wurde ich auf einer anderen Jagd in einem Standtreiben neben dem Schwiegervater des Beständers platziert. Der alte Herr schoss ebenfalls einen Hasen krank, der sich vor uns in der Fahrspur der Wintergerste drückte. Ich zögerte dieses Mal etwas länger und schoss letztlich nicht. Immer wieder schaute ich zu meinem Nachbarn, aber dieser hockte auf seinem Sitzstock und machte keinerlei Anzeichen, den Hasen endlich erlösen zu wollen. So kam es, wie es kommen musste. Beim Einreihen in die anrückende Treiberwehr geriet ausgerechnet ich an den kranken Hasen, der sich mit letzter Kraft ein letztes Mal aufmachte. Nach dem Treiben ging ich zu meinem Nachbarn und wollte zur Klärung der Situation ansetzen, traute mich aber aufgrund seines Alters und seiner gesellschaftlichen Stellung dann doch nicht. Ich behielt die passenden Worte für mich, nahm mir aber vor, nie wieder zu zögern, wenn es galt, das Leid des Wildes zu verkürzen.

So erlebte ich auf meinen ersten Treibjagden Licht und Schatten. Der Mythos Gesellschaftsjagd erhielt den ein oder anderen Kratzer, und trotzdem war ich froh, endlich dazuzugehören.

Onkel Huberts letzte und meine erste Treibjagd

Meine erste Hasentreibjagd in unserem Revier war für Anfang Januar terminiert, und ich freute mich riesig, endlich auch als Schütze dabei sein zu dürfen. Die Feldhasen konnten in diesem Jahr zum letzten Mal vor der Änderung der Landesjagdzeitenverordnung im Jagdjahr darauf bis Mitte Januar bejagt werden. Es war bitterkalt, und über die vergangenen Tage hatte sich eine geschlossene Schneedecke eingestellt. Eigentlich keine guten Voraussetzungen für eine Treibjagd auf Hasen, zumal wir in diesem Jahr aufgrund der überschaubaren Besätze etwas weniger Schützen eingeladen hatten als üblich. Vermutlich würden die Hasen heute sehr locker liegen und schon frühzeitig die Treiben verlassen.

Onkel Hubert durfte nun schon einige Zeit kein Auto mehr fahren und wurde daher frühmorgens von seiner Frau Edith gebracht. Gemeinsam gingen wir langsamen Schrittes von der Villa über die Birkenallee zum Treffpunkt auf dem Hof. Zeit genug, uns über die anstehende Jagd und meine erste Teilnahme an einer Hasentreibjagd auf Haus Pesch auszutauschen. Ich spürte, dass Onkel Hubert ein wenig stolz war,

1983: Onkel Huberts letzte Treibjagd

dass ich als sein jagdlicher Zögling nun endlich vollwertig dabei sein durfte.

Wie in den Jahren zuvor jagten wir gemeinsam mit unserem Nachbarrevier Gut Spenrath. Elisabeth, die Tochter des Beständers Clemens, hatte inzwischen geheiratet, und ihr Ehemann Klaus hielt nun endlich auch den Jagdschein in Händen. Die kleine Eigenjagd war günstig geschnitten und konnte in einem langen Standtreiben bejagt werden. Beim Anfahren der Treiberwehr zählten wir in der großen Borschemicher Feldsenke weit über 100 Hasen. Sie waren in Rammellaune und rege auf den Läufen. Die Hasen liebten diese großflächige Senke, da sie ihnen ein wenig Schutz vor dem kalten Wind bot. Es war kaum zu vermeiden, dass die meisten schon beim Angehen der Treiber und Durchgehschützen die Flucht ergriffen, zu offensichtlich war für sie unser Anliegen im Schnee zu erkennen. Das Treiben führte Richtung „Kühm", dem mit stattlichen Pappeln gesäumten Graben an der Grenze zu unserem Revier. Dort waren die Standschützen platziert und warteten im Schutz der Baumstämme auf die angetriebenen Hasen. Mir oblag es, die linke Flanke anzugehen und darauf zu achten, dass nicht zu viele Hasen das Treiben seitlich verließen. Aber auch dieses Ansinnen schlug bei den ungünstigen Witterungsbedingungen fehl, und so musste ich zahlreiche Hasen außer Schussweite laufen lassen. Nur 20 Hasen lagen am Ende des Treibens am Wegesrand. Keine gute Ausbeute bei der Menge an Hasen, die wir vorher ausgemacht hatten.

Nach der Mittagspause mit wärmender Suppe sollte Onkel Hubert auf seine alten Tage im kleinen Treiben vor unserem Hof noch einmal besonderes Jagdglück haben. Sein Stand lag unmittelbar an der stillgelegten Bahnlinie, die wir inzwischen gekauft und aufgefors-

1983: Walter und Josef in der Mittagspause

tet hatten. Seine Augen gaben es eigentlich nicht mehr her, aber er hatte dennoch den Blick für den Fuchs, der sich in einem Entwässerungsrohr gedrückt hatte und neugierig herausschaute, um die Gefahrenlage abzuschätzen. Überglücklich war Onkel Hubert, als wir den gestreckten Fuchs aus dem Rohr zogen. Abends lagen ein Fuchs, 48 Hasen und acht Hähne auf der Strecke vor dem Weihnachtsbaum auf unserem Hof. Nicht überwältigend, aber bei den Witterungsbedingungen und der überschaubar großen Jagdgesellschaft zufriedenstellend.

Da wir zum Schüsseltreiben weniger Personen als gewohnt waren, kamen wir bei uns zu Hause im Wohn- und Esszimmer zusammen und nicht wie sonst üblich im großen Saal auf dem Hof. Ich liebte diese Art von Schüsseltreiben, die nicht in irgendeiner Kneipe stattfanden, sondern von der Wärme und Gemütlichkeit eines Zuhauses geprägt waren. Onkel Hubert hielt die Rede des Jagdkönigs, bedankte sich bei den Beständern und kündigte für den späteren Abend noch ein besonderes Ereignis an. Es sollte unsere erste und letzte gemeinsame Treibjagd gewesen sein, und vielleicht ahnte er es schon, als er mit seinen Worten den Staffelstab an mich weitergab.

Der Jägerschlag

Wie angekündigt und an den Vorbereitungen im Wohnzimmer vor dem Erker unschwer zu erkennen, sollte ich an diesem Abend zum Jäger geschlagen werden. Ich hatte diesen Moment lange herbeigesehnt, wurde man doch damit nach alter Jäger Sitte in den Kreis der gestandenen Jäger aufgenommen, und davon waren zahlreiche anwesend. In der Regel musste man damals schon jagdlich etwas geleistet haben, um dieser Ehre würdig zu sein. Für mich sollte dies allemal gelten, und für Klaus wurde, wie auch schon ein paar Jahre zuvor bei seiner Frau Elisabeth, ein Auge zugedrückt.

Etwas nervös standen wir beide vor dem Prüfungsgremium, das aus Josef, meinem guten Jagdfreund, mit dem ich künftig noch so viele gemeinsame Jagderlebnisse teilen sollte, und aus den Beisitzern Walter und Hermann bestand. Vielleicht hatten Klaus und ich einfach etwas Glück, dass der Jägerschlag in meinem Zuhause stattfand. Vielleicht

1983: Jägerschlag Klaus und Dirk auf Haus Pesch

hatte aber auch das Gremium ein Einsehen und genug von den landläufig üblichen Entgleisungen im Rahmen dieser alten Tradition. Natürlich gab es ein Paar Schnäpse, lustige Fangfragen und viel Gelächter im Publikum, aber ansonsten blieben wir von Geschmacklosigkeiten verschont. Was habe ich im Laufe der Jahre nicht alles erlebt: Trinken aus dreckigen Schrotläufen, Apportieren von frisch geschossenem Wild, üble Schläge auf den nackten Hintern und Saufen bis zur Besinnungslosigkeit. Wenig hatte dies mit den überlieferten Sitten und Bräuchen zu tun, es diente vielmehr ausschließlich der Belustigung der Jagdgesellschaft. All das blieb uns beiden glücklicherweise erspart. Klaus bekam zwar ein paar Schnäpse mehr serviert, aber ansonsten wurde dieser Jägerschlag sehr würdevoll vollzogen. Stolz hielt ich am späten Abend meine von allen unterschriebene Jägerurkunde in den Händen.

Inzwischen stehe ich selbst häufiger mit dem Hirschfänger in der Hand vor Jungjägern, um ihnen den Jägerschlag zu erteilen. Dabei bemühe ich mich, bei allem Frohsinn diese Tradition würdevoll und feierlich zu vollziehen. Auch wir trinken gemeinsam den ein oder anderen Schnaps, führen die nervösen Anwärter aufs Glatteis und lachen herzhaft, aber stets in einem kultivierten Rahmen, der den Jägerschlag allen Beteiligten in guter Erinnerung bleiben lässt.

Der Ablauf der Zeremonie, wie ich sie durchführe, orientiert sich dabei meist an folgendem Rahmen:

Die Jagdhornbläser lassen ihre „Begrüßung" ertönen, die Jagdgesellschaft erhebt sich, und das Prüfungsgremium zieht feierlich ein. Als Vorsitzender stimme ich auf den Jägerschlag mit den Worten ein: „Der Brauch des Jägerschlags hat eine lange Tradition und geht bis auf die Anfänge des Berufsjägertums im 12. Jahrhundert zurück. Der Brauch lehnt sich dabei an die frühere Wehrhaftmachung der ‚Jägerburschen' an. Wer früher nämlich die Jagerei erlernen wollte, musste drei Lehrjahre aushalten, bevor er den Lehrabschied und Hirschfänger erhielt und somit offiziell in den Kreis gestandener Jäger aufgenommen wurde."

Der Jungjäger wird nun nach vorn vor das Gremium gebeten. Ich begrüße ihn mit persönlichen, aber auch mahnenden Worten: „Wer von uns ehrlich zurückblickt, der weiß, auch die beste Ausbildung ist kein Garant für einen guten Jäger. Und so musst du nach deinen ersten jagdlichen Erfahrungen nun heute Abend beweisen, ob wir dich in unsere Gemeinschaft aufnehmen können."

Daran schließt sich Folgendes an:

„Im ersten Lehrjahr mussten die Jägerburschen als Hundsjungen die Hunde betreuen. ‚Jagd ohne Hund ist Schund' lautet ein altes Sprichwort, das heute mehr denn je seine Bedeutung hat. Denn ohne brauchbare Jagdhunde ist eine weidgerechte Jagdausübung nicht möglich. Der Jagdhund ist nicht nur ein treuer Freund und Gefährte des Jägers und dessen Familie, sondern vielmehr als jagdlicher Gehilfe im Reviereinsatz unverzichtbar. Damit dies sichergestellt werden kann, ist neben Züchtung und Ausbildung vor allem auch die artgerechte Haltung der Jagdhunde von großer Bedeutung. Du solltest also niemals vergessen, deinen Hunden immer ausreichend Wasser und Brot zu geben. Damit du dies auch verinnerlichst, haben wir für dich beides vorbereitet und möchten dich nun bitten, dies zu dir zu nehmen.“ Dem Anwärter wird Brot und Schnaps, als Wasserersatz, in einer Schale serviert, und er muss dieses im Vierfüßlerstand zu sich nehmen. Hierauf werden ihm noch ein paar Fragen zu unseren vierbeinigen Helfern gestellt. Grundsätzlich gilt, dass er bei einer falschen Antwort einen Schnaps zur Bestrafung trinken muss und bei richtiger Antwort einen Schnaps zur Belohnung erhält.

„Im zweiten Jahr wurde der Lehrling jagdlich und forstlich ausgebildet und musste das Schießen üben, um als hirsch-, holz- und schussgerecht zu gelten. Trotz erster Erfahrungen mit der Waffe lass dir den Rat geben, führe diese immer verantwortungsbewusst, damit du in Zukunft nur selten das uns anvertraute Wild unnötig anbleist. Um diese elende Tortur nachzuempfinden, sollst du diese jetzt am eigenen Leib erfahren.“ Zu den Worten „Wenn die Schrote den Wildkörper treffen“ wird dem Jungjäger der Inhalt einer Schrotpatrone und zu „Wenn der Schweiß über den Wildkörper rinnt“ ein Schnaps in den Nacken gekippt. Auch daran schließen sich nun einige Fragen an – in der Regel zu unseren heimischen Wildarten.

„Im dritten Jahr wurde der Lehrling dann als Jägerbursche an die Praxis herangeführt.“ Ob die nachfolgenden Fragen an dieser oder anderer Stelle ernster oder witziger Natur sind und ob der Prüfling wirklich bei jeder Antwort einen Schnaps trinken muss, bleibt dem Vorsitzenden überlassen und sollte der Situation angepasst werden. Eine gute Mischung hat sich aber stets bewährt.

Nach Überprüfung der Antworten ziehe ich schließlich das Fazit: „Ich denke, du hast trotz kleinerer Wissenslücken ausreichend bewiesen, dass wir es verantworten können, dich nun offiziell zum Jäger zu schlagen. Früher gab der Lehrherr dabei dem Jägerburschen mit dem Hirschfänger einen symbolischen Streich und sprach: ‚Dies erleidest du jetzt von mir und hinfort nicht mehr, weder von mir noch von einem anderen!‘ Damit war der Jägerbursche freigesprochen und erhielt als freier, wehrhafter Jäger den Hirschfänger.“

Nun wird es wieder feierlich, und die Jagdhornbläser lassen das „Sammeln der Jäger“ erklingen, bevor der Jägerschlag dann offiziell vollzogen wird.

Der Jungjäger gelobt: „Ich verspreche – mit offenem Herzen und bestem Willen –, in die Reihe der weidgerechten Jäger eingetreten zu sein, die überlieferten Gesetze der Weidgerechtigkeit zu achten, die Gebote des Naturschutzes zu befolgen und das jagdliche Brauchtum allzeit in Ehren zu halten. Ich will als Jäger vor allem Heger und Pfleger sein und die Vorbilder überlieferter Jägertreue zur Richtschnur meines weidmännischen Lebens machen. Das verspreche ich! Weidmannsdank!"

Ein Beisitzer ergänzt: „Für ein hoffentlich langes Jägerleben möchte ich dir noch Folgendes mit auf den Weg geben: Ein Jäger, der kein Brauchtum pflegt, das Wild nicht füttert und nicht hegt, der nur zum Schießen ist im Wald, nicht richtig anspricht, eh' es knallt, gewissenlos lässt Nachsuchen sein, gibt besser ab den Jägerschein. Wer sinnvoll Flint' und Büchs' benützt, das edle Stück vorm Raubzeug schützt, dem Wilderer das Handwerk legt und stets nach bestem Vorbild hegt, das Wild vorm Hungerstod bewahrt, der lebt nach rechter Weidmannsart."

Die Jagdgesellschaft erhebt sich, und der Anwärter kniet zum Jägerschlag nieder. Dieser erfolgt mit dem Hirschfänger auf die rechte Schulter mit den begleitenden Worten: „Der erste Schlag soll dich zum Jäger weihen, der zweite Schlag dir Weidgerechtigkeit verleihen, der dritte Schlag soll dich verpflichten, nie auf die Jägerehre zu verzichten." Anschließend wird ihm ein Bruch überreicht: „So nimm den grünen Bruch und beherzige allzeit den Jägerspruch: Es ist des Jägers Ehrenschild, dass er beschützt und hegt sein Wild, weidmännisch jagt, wie sich's gehört, den Schöpfer im Geschöpfe ehrt!" Der Jungjäger antwortet: „Dank für Schmuck und Schlag, weidgerecht bleib ich alle Tag!"

Zum Ende werden alle gebeten, zu den Gläsern zu greifen: „So reich ich dir den Jägertrunk, bleib immer fröhlich, stark und jung und trink in dieser Weihestund ein Weidmannsheil der Jägerrund!" – „Auf unseren Jäger ein dreifach kräftiges Horrido!" Während der sich anschließenden Horrido-Gesänge erhält der Jungjäger seine Urkunde über den erteilten Jägerschlag, und alle Anwesenden unterschreiben als Zeugen. Die Jagdhornbläser beenden die Zeremonie mit dem Signal „Jagd vorbei" und „Halali".

So oder ähnlich können über Jahrhunderte entstandene und weitergereichte Traditionen, Verhaltensweisen und Bräuche, die das Gemeinschaftsgefühl der Jäger stärken, gepflegt und bewahrt bleiben. Und so oder ähnlich erhält man die Würde dieses für Jungjäger hoffentlich bedeutenden Moments. Das war bei mir so, und genau so gönne ich es jedem, der sich anschickt, in den Kreis der verdienten Jäger aufgenommen zu werden.

Noch 25 Jahre Jagd auf Haus Pesch

Bis meine Familie ihre Heimat, das Rittergut Haus Pesch, verlassen musste, dauerte es noch viele Jahre – 25, um genau zu sein. Die Schaufelradbagger kamen zwar nur langsam, aber dennoch stetig näher. Die Hoffnung, dass wir von diesem Schicksalsschlag verschont bleiben würden, hielt sich bis über die Jahrtausendwende. Aber selbst die beachtenswerte und einmalige Stimme meines Vaters für die Partei der Grünen bei einer Landtagswahl Anfang der 90er-Jahre half am Ende nichts. Leben, Landschaft und auch die Jagd veränderten sich über die Jahre. Nicht alles war dem Braunkohletagebau geschuldet, aber doch vieles.

Bis Anfang der 90er-Jahre schöpften wir in unserem Revier auf den Hasentreibjagden aus dem Vollen. Natürlich schwankten die Hasenstrecken von Jahr zu Jahr und waren stark von der Witterung während der Aufzuchtzeit abhängig, aber mit einem echten Einbruch wie beim Fasan hatte damals kein Beständer gerechnet. Inzwischen kamen jedoch viele Faktoren zusammen. Die gegen Tollwut immunisierte Fuchspopulation stieg rasant, die Feldschläge wurden immer größer, und die Landwirtschaft arbeitete immer schneller. Die ersten Flächenverluste durch den Tagebau Garzweiler II machten sich bemerkbar – das große Standtreiben im Gewann Kaiskorb gehörte bald der Geschichte an. Mit Macht stemmten sich Willi, unser Jagdaufseher, und ich dagegen. Wir intensivierten die Fuchsjagd so weit, wie es eben ging. Willi war inzwischen pensioniert und hatte genügend Zeit, ich dagegen machte mein Abitur, absolvierte mein Forststudium in Göttingen, arbeitete als freier Mitarbeiter in einem Landschaftsplanungsbüro und wurde dort einige Jahre später Partner. Den Füchsen war kaum hinterherzukommen. Wir bejagten die Jungfüchse am Bau, mit der Falle, betrieben die Baujagd an den großen Strohmieten und beschickten die Luderplätze im Winter fast jeden Tag. Aber die gigantischen Böschungen zum Tagebau waren für den Räuber ein Füllhorn, wo er sich ungestört vermehren und von dort zuhauf in die angrenzenden Reviere verbreiten konnte.

Aber nicht nur der Fuchs fühlte sich hier wohl, auch das Rehwild fand hier ruhige Einstände und nahm in unserem Revier merklich zu. Waren die Feldrehe zu meiner Jugend noch etwas Besonderes, so konnten meine Kinder das Rehwild bereits von unserem Wohnzimmerfenster aus im Park beobachten.

Feldrehe – Unsere „heiligen Kühe"!

Wenn die Äcker im Gewann Kaiskorb abgeerntet waren und keine großen Gründüngungsparzellen mehr Deckung boten, konnten man sie schon von Weitem sehen, die großen Feldrehsprünge. Der Kaiskorb lag zwischen der alten A44 von Aachen nach Düsseldorf und den Ortschaften Garzweiler und Königshoven. Mehrere Hundert Hektar offenes Feld ohne Straßen, ohne Baum- und Strauchstrukturen, blanker Acker, so weit das Auge reicht.

Ein Sprung Feldrehe (Foto: ©Mario Plechaty/Stock.adobe.com)

Das extrem anpassungsfähige Rehwild hat in dieser waldfreien Agrarsteppe den Ökotyp des Feldrehs ausgebildet. Entgegen den typischen Waldrehen nutzen Feldrehe die Weite der Landschaft als Schutz und Deckung und zeigen hier ähnliche Verhaltensweisen wie das Rotwild als ehemaliges Steppentier. Schon im Frühherbst werden erste Sprünge gebildet, die sich später im Jahr zu größeren vereinigen. Je stärker die Störungen von außen, desto größer die Sprünge. Die Bereitschaft dieser Gruppen, Störungen auszuweichen, ist stets hoch, und die Fluchtdistanzen liegen bereits bei etwa 500 m. Merklich verschiebt sich die Orientierung der Rehe vom Geruchs- und Gehörsinn hin zum Sehsinn. Viele Augen wachen besser, so sind es nicht nur die aufmerksameren Stücke am Rand der Sprünge, sondern auch die vielen Dutzenden Augen, die die Gruppe schützen. Dabei kommunizieren die Mitglieder des Sprungs nicht durch Lautäußerungen wie etwa das Schrecken, sondern spreizen ihre Haare am Spiegel und lassen diesen bei Erregung größer und auffälliger als im Ruhezustand erstrahlen. Das macht untereinander aufmerksam, lässt den Sprung zunächst kollektiv sichern, und sobald das erste Mitglied die Flucht ergreift, folgen alle anderen. Erst im Mai lösen sich mit dem Aufwuchs neuer Deckung diese achtsamen Sprünge wieder auf. Die Feldrehe sind aufgrund des üppigen und energiereichen Nahrungsangebots in der Feldflur meist stärker und robuster als ihre Verwandten im Wald. Ihr Gehörn ist aufgrund der allgemein besseren Konstitution oft stärker und meist von hellerer Farbe, da entsprechende Baum- und Strauchvegetation zum Fegen fehlt. Der Zuwachs ist bei Feldrehen jedoch häufig kleiner als beim Waldreh, da die Landwirtschaft mit ihren großen und schnellen Maschinen, die todbringenden Straßen und auch der Fuchs vor allem bei den Kitzen eine hohe Sterblichkeit verursachen. Bieten sich den Feldrehen Rückzugsmöglichkeiten in Form von angrenzenden Wäldern oder Feldgehölzen, werden diese oft genutzt. Insbesondere wenn diese „Waldreviere" schon von anderen Artgenossen besetzt sind, kann es dort vermehrt zu Verbissschäden kommen. Dennoch bietet die zunehmende Zahl an Feldrehen für viele Reviere, in denen die klassischen Niederwildbestände rückläufig sind, eine gern gesehene jagdliche Alternative. Besätze von fünf bis zehn Stück je 100 ha lassen eine nachhaltige Bewirtschaftung und Bejagung zu.

Eine Jagd auf „unsere" Feldrehe im Kaiskorb kam uns damals allerdings nie in den Sinn. Ihre Anzahl war überschaubar, und zu sehr erfreuten wir uns an ihrem Anblick. Auch als der Tagebau näher rückte und die Zahl der Rehe stieg, wurden diese „heiligen Kühe" in unserem Revier durchgehend geschont. Dabei zeigte sich das Rehwild inzwischen nicht nur im blanken Feld, sondern nahm jegliche Deckung wie die kilometerlangen, mit Sträuchern gesäumten Autobahnböschungen, kleinere Feldgehölze und auch unseren großen Garten als Lebensraum an. Erstaunlich, dass ich trotz der hohen Dichte nur ein einziges Mal ein angefahrenes Reh von seinen Qualen erlösen musste. Bezeichnenderweise hatte dieses der RWE-Werkschutz auf dem Weg zu einer der zahlreichen Pumpanlagen angefahren, mit denen der Grundwasserspiegel so weit abgesenkt wurde, dass der Tagebau trockenen Fußes möglich wurde. Nachdem wir im Jahr 2008 Haus Pesch verlassen hatten, wurde die Jagd auf den noch übrig gebliebenen Flächen an unseren Jagdfreund Elmar, einen Landwirt aus Oberwestrich, und seinen Sohn Wilhelm verpachtet. Villa, Bungalow und Hofstelle waren da schon längst abgerissen, und auch im Dorf standen kaum noch Häuser. Die Rehe liebten diese gespenstische Ruhe des einstigen Dorfes. Wilhelm schoss in diesen Jahren den ein oder anderen kapitalen Bock, meist hinter dem großen Weiher, der früher als Regenauffangbecken für unsere Hofanlage diente. Ich gönnte ihm dieses Weidmannsheil von Herzen, hatte ich doch längst auch mit der Jagd in Pesch abgeschlossen.

Fuchs im Bau?

Die Füchse hatten die Rundballenmieten in unserem Revier und auf Gut Spenrath schon seit geraumer Zeit regelmäßig angenommen. Das war an den ausgelaufenen Pässen und dem intensiven Fuchsgeruch an den Eingängen zu den Strohmieten deutlich auszumachen. Aber steckten die Räuber tatsächlich im Bau? Die Voraussetzungen schienen bei nasskaltem Wetter Mitte Dezember günstig, aber wirklich sicher konnte man bei der Baujagd niemals sein.

1986: Füchse sprengen an den großen Rundballenmieten

Die erfahrenen Erdhundführer wissen es, der Dachs steckt fast immer im Bau, der Fuchs jedoch nur selten. Möchte man die Baujagd also erfolgreich betreiben, muss man im Vorfeld sorgsam abschätzen, ob es sich überhaupt lohnt, Jäger und Hunde in Bewegung zu setzen, denn der Fuchs merkt sich genau, wie oft sein Bau mit Hunden beunruhigt wird. Betrachtet man die Nutzung der Fuchsbaue über das gesamte Jahr hinweg, so kann man feststellen, dass Reineke von Juli bis Oktober seine Baue praktisch gar nicht als Ruheplatz über den Tag wählt. Füchse liegen viel lieber im Freien, dort, wo sie eine bequeme Stelle mit ausreichend Deckung finden. Ab Oktober bis zum Beginn der Ranzzeit im Dezember steigt die Nutzung der Baue dann aber stetig an. Sie werden nun regelmäßiger inspiziert und bei nasskaltem, windigem Wetter auch als Rückzugsort gewählt. Auch die erste Schneelage im Jahr veranlasst die Füchse oft, ihre Baue über eine längere Zeitspanne aufzusuchen. In der Ranz selbst spielen dann bis in den Februar hinein die Baue wieder eine untergeordnete Rolle. Sie werden zwar in der Nacht als Ranzbaue aktiv angenommen, aber die Ruhephasen während des Tages verbringt der Räuber jetzt lieber wieder im Freien. Mit der Setzzeit ab März nutzen die Fähen die Baue dann natürlich über einen längeren Zeitraum, um ihren Jungen ausreichend Schutz und Wärme zu bieten und sie sicher aufzuziehen. Die

Rüden hingegen bringen, wenn überhaupt, etwas zusätzliche Nahrung zum Bau, ansonsten meiden sie diesen strikt. Sind etwa ab Mai die Welpen groß genug, verlässt die Fähe den Bau und kehrt nur noch zum Füttern zurück. Die Welpen selbst bleiben noch etwa einen weiteren Monat, bis sie dann, erwachsen genug, ebenfalls den schützenden Bau verlassen.

1986: Bei schlechtem Wetter könnte der Fuchs im Bau stecken

Willi hatte den Baujäger mit seinen beiden Deutschen Jagdterriern für einen Samstagvormittag bestellt. Es war nicht einfach, im Dezember einen Termin zu bekommen, da das erfahrene Gespann in der Gegend recht begehrt war. Zwei große Rundballenmieten waren unser Ziel. Die eine lag in der Hüll unweit der alten B1, die andere im Revier Gut Spenrath direkt oberhalb der Böschung zur tiefer gelegenen A61 Richtung Mönchengladbach. Seit Tagen hatte es bei niedrigen Temperaturen geregnet, und zum Samstag hin kam auch noch ein unangenehmer Wind hinzu. Lodenmantel, Wachsjacke oder Parka waren angesagt, um dem Wetter zu trotzen. Der Baujäger gab eine kurze Einweisung und mahnte eindringlich, beim Angehen absolute Ruhe zu halten, um den Fuchs nicht frühzeitig zu warnen. Wenn der Fuchs dann springen sollte, dürften wir niemals zu früh zu schießen, um zum einen seine Hunde nicht zu gefährden und zum anderen eine günstige Schussentfernung mit ausreichend breiter Schrotgarbe abzuwarten. Ich hatte mir ein paar Schrotpatronen in die Tasche meines Parkas gesteckt, darunter eine uralte Patrone mit 4-mm-Schroten. Ich hatte sie im Sammelsurium meiner Eltern in der alten Zinnschale in der Diele entdeckt. Die Schrotstärke schien mir für den Fuchs zu passen, und so lud ich diese im unteren Lauf meiner Bockflinte. Ich übernahm den Kopf der Miete zur alten B1 hin. Gut 30 m waren es bis zur strauchbewachsenen Böschung. Als alle ihre Positionen seitlich an den beiden Enden eingenommen hatten, wurde einer der beiden Terrier auf den Bau geschickt. Schon nach kurzer Zeit war das dumpfe Hundegeläut aus der Miete zu vernehmen. Aufgrund des peitschenden Windes nur vage, aber dennoch deutlich genug. Der wettergeschützte Unterschlupf schien befahren, jetzt hieß es aufmerksam bleiben. Gerade in den Sinn gekommen, sprang der Rotrock schon an meiner Seite. Kurz bevor er die schutzbringenden Sträucher erreichte, streckte ihn meine 4-mm-Patrone sicher. Der Terrier verließ die Miete kurz hinter dem Fuchs und beutelte diesen zufrieden. Das war eine äußerst schnelle Nummer, schon nach einer Viertelstunde waren wir erfolgreich. Die Wahl meiner Munition brachte mir im Nachgang allerdings etwas Schelte ein. Viel wichtiger als die Schrotstärke wäre bei den meist kurzen Schussentfernungen eine ausreichende Deckung. Nun gut, es hatte ja funktioniert, und so wirklich einsichtig war ich nicht.

Wir setzten ins Revier Gut Spenrath um. Die Strohmiete am Rand der Böschung zur A61 war extrem groß. Sie hatte eine Länge von gut 100 m, und in der unteren Lage waren fünf Rundballen nebeneinandergesetzt. So ergaben sich für den Fuchs jeweils vier Möglichkeiten, den vermeintlich sicheren und trockenen Unterschlupf zu verlassen. Inzwischen eingespielt, bezogen die Schützen ihre Positionen an den beiden Kopfseiten. Aufgrund ihrer Länge mussten aber auch seitlich Schützen positioniert werden, hatten wir dort nämlich zwei weitere Schlupflöcher entdeckt. So waren nun alle Schützen auf sich allein gestellt und hatten keinen zweiten Mann zur Unterstützung. Der Hundeführer entschied von Beginn an, beide Hunde auf den großen Bau zu schicken. Auch hier dauerte es wiederum nicht lange, bis wir die beiden hören konnten. Sie jagten den Fuchs im Strohlabyrinth von einem Ende zum anderen und wieder zurück. Es dauerte und dauerte, und mit der Zeit ließ meine Konzentration langsam, aber zunehmend nach. Die beiden Schüsse am anderen Ende der Miete rissen mich urplötzlich aus der wachsenden Lethargie. Die Terrier ließen nicht ab, es schien ein weiterer Fuchs im Bau zu stecken. Wiederum tat sich lange nichts. Mit der Zeit wurde der Hundemann aktiver, öffnete mit einem Spaten die Schlupflöcher, leuchtete mit einer Lampe hinein und bemühte sich, die Terrier am Geläut zu orten. Er hatte alle Mühe, ihnen zu folgen, und rannte die Miete auf und ab. Die vereinbarte Ruhe am Bau war längst verschwunden, und es bedurfte jetzt schon eines mächtigen Drucks seitens der Hunde, dass Reineke sich noch veranlasst sah, aus dem Bau zu flüchten. So sanken die Chancen von Minute zu Minute, und unsere Hoffnung schwand dahin. Völlig überraschend sprang der Fuchs an meiner Seite dann doch noch. Pfeilschnell überquerte er den Wirtschaftsweg und steuerte die nahe Böschung zur Autobahn an. Viel Platz blieb mir also nicht. Wieder ließ ihn die erste Schrotgarbe rollieren, aber schon im gleichen Moment rappelte er sich auf und verschwand in die Böschung dahinter. Wir konnten ihn noch von Weitem über die Autobahn flüchten sehen. Unsere Nachsuche im Immerather Revier auf der anderen Seite blieb zunächst erfolglos.

1986: Erfolgreiche Baujagd

Trotz einer sehr erfolgreichen Jagd mit drei Füchsen auf der Strecke fuchste mich diese verpasste Chance noch lange, und ich wählte fortan bei der Baujagd nur noch Streupatronen mit einer Schrotstärke von 2,7 bis 3 mm. Gut drei Wochen später wurde der von mir beschossene Fuchs gut 1 km weiter im Immerather Feld verendet gefunden.

Kalte Nächte am Luderplatz

Neben der Baujagd stellten wir den Rotröcken aber vor allem vom Ansitz aus nach. Dabei gehörte die Jagd auf Jungfüchse am Heckbau sicherlich zur effektivsten Methode. Kombiniert mit dem Einsatz von Jungfuchsfallen, war man hier in der Lage, schon früh im Jahr richtig Strecke zu machen. Sobald die Welpen groß genug waren, begannen sie eigenständig den Bau zu verlassen, um davor in der wärmenden Sonne herumzutollen. Sie waren noch unerfahren und sich der drohenden Gefahr nicht bewusst. Insbesondere wenn die Fähe auf Beutezug war, um die hungrigen Mäuler ihres Nachwuchses zu stopfen, war es ein Leichtes, sie mit der kleinen Kugel zu erlegen. Dabei musste man sich bemühen, möglichst viele, im besten Fall alle Jungfüchse zu bekommen, da die Fähe das Geschehen schnell entsprechend einordnete und den Bau umgehend mit ihren Jungen verließ. Mit etwas Glück und Geschick konnte man noch den ein oder anderen Welpen in der Jungfuchsfalle fangen, aber danach ergaben sich meist keine Chancen mehr. Wenn ich ehrlich bin, hat mir diese Art der Jagd aber nie Freude bereitet. Man mag mich an dieser Stelle für sentimental halten, aber zu sehr haben mich die Kleinen an unsere Hundewelpen erinnert. Und besonders anspruchsvoll war die Jagd auch nicht. Keine Mühen, keine Erfahrung und kaum Ausdauer waren notwendig, um den ansonsten so schlauen Fuchs zu überlisten. Wenn sie mir über den Weg liefen, nahm ich sie mit, aber das Revier systematisch nach Gehecken abzusuchen, das lag mir in der Tat immer fern.

Viel mehr Freude bereitete mir hingegen der Ansitz am Luderplatz. Um hier Erfolg zu haben, musste man sich anstrengen, sich in das Verhalten des Fuchses hineindenken und vor allem Ausdauer beweisen. Umso befriedigender war es dann auch, Erfolg zu haben. Da wir das Rehwild in unserem Revier nicht bejagten, fehlte es an entsprechenden Ansitzeinrichtungen wie Kanzeln oder Ansitzleitern. Da blieb nur der Stock oder eine bodennahe Sitzmöglichkeit in den steilen Autobahnböschungen, um an die schlauen Jäger heranzukommen. In Pesch lagen das Autobahnkreuz Jackerath und die A61 derart erhöht, dass man bereits von halber Böschungshöhe einen weiten Blick in die Felder erhalten konnte. In Spenrath hingegen folgte die A61 einem tiefen Geländeeinschnitt, sodass hier nur vom Stock aus gejagt werden konnte. Sobald die Felder im Herbst abgeerntet waren, begannen wir die Luderplätze zu beschicken. Der erste vielversprechende Vollmond folgte dann im November. Dieser gab schon ausreichend Licht, und zudem waren die Fuchsbälge ab diesem Zeitpunkt reif genug, um sie gerben lassen zu können.

Bei der Anlage von Luderplätzen gibt es das ein oder andere zu beachten, um dort erfolgreich zu sein. Die chancenreichste Zeit für die Jagd am Luderplatz ist die Zeit vor und nach der Ranz, also von November bis Anfang Januar und dann wieder ab der zweiten Februarhälfte. Luderplätze sollten möglichst in der Nähe von Bachläufen, Feldgehölzen oder landwirtschaftlichen Betrieben angelegt werden, da der Fuchs diese Stellen auf seinen nächtlichen Touren gerne und regelmäßig annimmt. Dort bieten sich Orte an, die ausreichend entfernt von Wegen mit Publikumsverkehr, aber auch weit genug von schützender Baum- und Strauchvegetation im freien Feld liegen. So sind anwechselnde Füchse schon von Weitem auszumachen, und dem Jäger bleibt genügend Zeit, sich auf den Schuss vorzubereiten. Idealerweise sollte die Futterstelle auf einem Schlag mit Wintergetreide oder gehäckselter Gründüngung platziert werden, um bei Mondlicht auch ohne Schneelage einen ausreichenden Kontrast zwischen Wildkörper und Hintergrund zu erhalten. Natürlich muss immer konsequent auf einen passenden Wind geachtet werden. Dabei sollte für die Hauptwindrichtungen jeweils möglichst eine Ansitzmöglichkeit im Revier vorgehalten werden, um entsprechend flexibel reagieren zu können. Etwas bevorteilt ist der Standort, bei dem der Luderplatz vom Ansitz aus gesehen in südöstlicher oder südwestlicher Richtung liegt. Dort hat man den Mond im Gesicht, und kein störender Schatten des Fuchses wird seine Konturen vor dem helleren Hintergrund verschwimmen lassen. Die Entfernung zum Luderplatz bleibt von der verwendeten Waffe abhängig. Bei einer Flinte sollten es 25 bis 35 und bei der Büchse 50 bis maximal 90 Schritte sein. Wer kombiniert jagen kann, ist sicherlich am besten und variabelsten aufgestellt. Je weiter allerdings der Luderplatz entfernt ist, desto geringer ist das Risiko, sich durch ein ungewolltes Geräusch oder eine unvorsichtige Bewegung zu verraten. Zu bedenken ist jedoch immer, dass sich mit zunehmender Entfernung die Sicht bei nicht ganz so optimalem Mond erheblich verschlechtert. Ein gutes Mittelmaß ist also angebracht. Der Fuchs soll sich am Luder nicht satt fressen, sondern ausgiebig danach suchen müssen, um so dem Jäger ausreichend Zeit zu geben, die günstigste Schussposition abwarten zu können. Hilfreich ist es deshalb, keine großen, sondern vielmehr mehrere kleine Luderhäppchen anzubieten. Regelmäßiges Beschicken des Luderplatzes bindet den Fuchs schnell, und schon nach kurzer Zeit wird er täglich mit einem Haufen Losung als kleines Dankeschön grüßen. Ob man die Luderbrocken flachgründig vergräbt, in einem Luderrohr oder -schacht versteckt oder mit Pferdemist abdeckt, bleibt jedem selbst überlassen. Alle Varianten haben Vor- und Nachteile. Ein Rohr oder Schacht birgt die Gefahr, dass das Luder dort schnell zu gammeln beginnt und Maden anlockt. Lästig wird es auch, wenn der Landwirt auf der Fläche eine Bodenbearbeitung durchführen möchte und man derartige Einrichtungen im Vorfeld entfernen muss. Ein quer zur Schussrichtung angebrachtes Luderrohr besitzt aber sicherlich den unschätzbaren Vorteil, dass der Fuchs einem an den Kopfseiten immer seine Breitseite zeigt. Vergrabenes Luder ist für alle anderen Aasfresser unsichtbar, bei Bodenfrost für den Fuchs aber auch nicht mehr erreichbar. Ich selbst ludere deshalb immer unter Pferdemist. Der Duft des Mistes lockt den Fuchs zusätzlich an, und mehrere Brocken lassen sich im Mist gut verteilen. Zudem schützt der Mist die Luderbrocken bei niedrigen Temperaturen vor dem Gefrieren. Ein Nachteil bleibt, Krähen und Bussarde haben es schnell spitz, dass sich im Mist Leckereien befinden und nehmen diese über den Tag auf. Aber gerade diesen Aspekt mache ich mir zunutze, um meine jährliche Krähenstrecke sinnvoll zu verwerten. Nimmt der Fuchs die Krähe über Nacht nicht auf, erledigt dies am Folgetag der Bussard. Wer seinen Luderplatz noch attraktiver machen möchte, kann dies durch sternförmige Schleppen zum Luder hin erreichen.

Fuchs bei Schnee und Mond (Foto: ©martinikka/stock.adobe.com)

Eigene Erfahrungen machen, das Verhalten des Fuchses beobachten und deuten, passende Schlüsse ziehen, vielleicht auch mal etwas Neues ausprobieren, das ist das Spannende an dieser Jagd. Was sind mir nicht alles schon für Fehler am Luderplatz unterlaufen. Der häufigste sicherlich, dass man wochenlang geludert hatte, der Fuchs inzwischen sicher jede Nacht den Luderplatz aufsuchte, man beim ersten halbwegs verwertbaren Mond auf den Ansitz ging, um sich dann bei zu schlechten Sichtverhältnissen nicht zügeln zu können. Schoss man in diesem Moment vorbei, war der Fuchs während der ganzen Mondperiode oder sogar nie mehr am Luderplatz zu sehen. Oder bei hoher Luftfeuchtigkeit nicht darauf zu achten, dass man gelegentlich sein Zielfernrohr trocken wischen sollte, mochte man nicht im trüben Glas nach dem Fuchs suchen müssen. Oder in hellen Nächten, bei klarem Mond und Schneelage sich erst dann fertig zu machen, wenn der Fuchs schon so nahe war, dass er jede Bewegung eräugen konnte. Aus all diesen Misserfolgen lernt man, und umso schöner ist es, am Ende Erfolg zu haben. Der größte Fehler von allen ist und bleibt aber, gar nicht erst rauszugehen und es zu versuchen.

Zahlreiche Füchse habe ich so in den Revieren Haus Pesch und Gut Spenrath erlegt, und ich liebe es noch heute, im Winter von offenen Leitern, in warme Decken eingehüllt, auf den Fuchs zu jagen. Natürlich ärgere ich mich maßlos, wenn die Mondphase verregnet ist und ich kaum vor die Tür komme, dennoch habe ich bisher noch immer darauf verzichtet, technische Hilfsmittel zu verwenden. Zu groß ist meine Freude, wenn ich den Fuchs überlistet habe und erfolgreich spät in der Nacht nach Hause komme.

Standtreiben, Kesseltreiben, gar kein Treiben

Der Aktionsradius des Feldhasen ist in der Regel kleiner als 300 m rund um seine Ruheplätze, die Sassen. Auf häufige Störungen reagiert er äußerst empfindlich und dann auch nachhaltig. So gestört, ist er sogar bereit, gute Nahrungsplätze zu verlassen und sein Revier in ruhigere Bereiche der Feldflur zu verlagern. Das wussten schon die alten Jäger und bejagten deshalb den Hasen je Fläche und Jahr nur ein Mal. Die Äcker wurden im Spätherbst so früh, wie es eben ging, für den Winter vorbereitet. Keine Maschine, aber auch kein Jäger mit Waffe und Hund sollten nun bis zur Treibjagd den Lebensraum der Hasen mehr beunruhigen.
Einer großen Vorbereitung bedurften unsere Hasenjagden damals nicht. In der Regel wurden alle Flächen Jahr für Jahr auf die gleiche Art und Weise bejagt. Es war bekannt, wie viele Schützen und Treiber benötigt wurden und ob abhängig vom Flächenzuschnitt ein Stand- oder Kesseltreiben die bessere Wahl war. Nur Parzellen mit Gründüngung mussten so eingeplant werden, dass diese bei Kesseltreiben zum Ende hin umstellt werden konnten, um dann noch den ein oder anderen Hahn oder Fuchs auf die Strecke zu bekommen. So wurden im Revier Haus Pesch passend zu den örtlichen Gegebenheiten im Kaiskorb, am Hof und bei Schüller vornehmlich Kesseltreiben und am Mühlenhäuschen, in der Hüll und in Spenrath eher Standtreiben durchgeführt.

1987: Viele der Erfahrenen sind längst verstorben

Die Erfahrenen wussten genau um die Vorteile eines Standtreibens. Es war eindeutig die bestandsschonendste Art, den Hasen zu bejagen, und die Durchführung war für alle Teilnehmer recht unkompliziert. Der Gastgeber konnte auf die Leistungsfähigkeit der Gäste Rücksicht nehmen und sortierte die Älteren eher zu den Vorstehschützen und die Jüngeren in die Treiberwehr. Bei Standtreiben wurden die Schützen auf festen Ständen platziert und erwarteten dort bis zum Ende des Treibens die von der gegenüberliegenden Seite von den Treibern aufgemachten Hasen. Die Abstände der Schützen wurden mit maximal doppelter Schussentfernung so gewählt, dass möglichst immer beide

Schützen einen anwechselnden Hasen beschießen konnten. Die Stände wurden entweder fest markiert oder durch regelmäßiges Schicken beim Angehen gesteuert. Da der Hase gut äugt und seinen Fluchtweg genau plant, war es dem erfahrenen Schützen geboten, seinen Stand vor natürlicher Deckung wie Bäumen oder Zaunpfählen einzunehmen. Ideal ergab sich dies im Treiben Gut Spenrath, da dort die Vorstehschützen entlang der Kühm, des Grabens mit seinen imposanten alten Pappeln, abgestellt werden konnten. Die Flanken wurden meist nur mit wenigen Schützen besetzt, um dem Hasen ausreichend Fluchtmöglichkeiten zu gewähren. Solange die Treiberwehr noch ausreichend weit entfernt war, wurde der Hase idealerweise von vorn beschossen. Rollierte er nicht sofort, blieb dem Schützen und seinem Nachbarn immer noch der Schuss hinter der Schützenkette, um den Gefehlten auf den Balg zu legen.

1989: 120 Hasen im Standtreiben Gut Spenrath

Die Treiberwehr drückte ruhig, aber stetig in einer geschlossenen Kette von der gegenüberliegenden Seite des Treibens auf die vorgestellten Schützen zu. Nur wenige bis gar keine Treiberschützen komplettierten diese Reihe. Diese Durchgehschützen waren angehalten, nur überlaufene und dann nach hinten flüchtende oder krankgeschossene Hasen zu bejagen. Alle anderen Hasen, die die Flucht nach vorn ergriffen, sollten möglichst unbeschossen bis zu den Vorstehschützen gelangen oder sich seitlich der Jagd entziehen können. Lagen die Hasen fest, war dabei äußerste Disziplin angesagt, um die bestandsschonenden Vorteile eines Standtreibens nicht zu unterlaufen und zu viele Hasen aus der Treiberwehr heraus zu bejagen.

1987: Streckelegen nach jedem Treiben

Die Kesseltreiben hingegen waren in der Durchführung wesentlich anspruchsvoller und verlangten allen Teilnehmern ein hohes Maß an Disziplin ab. Von zwei sich gegenüberliegenden Punkten des zu bejagenden Areals wurden zu beiden Seiten hin im Wechsel Schützen und Treiber geschickt. Erreichten sich die Spitzen der Ketten, war die Fläche mehr oder minder kreisförmig umstellt. Nach Anblasen des Treibens bewegte sich die gesamte Korona langsam auf die Mitte zu. Die Abstände zueinander waren zu Beginn der Treiben meist recht groß und wurden zum Ende hin immer kleiner. Ständig musste man sich bemühen, die Abstände zu beiden Seiten hin gleichmäßig zu halten und dabei die Form des Kreises zu wahren. Durch Zurückbleiben einzelner entstanden leicht Ausbeulungen in der Kreisform, und gerade diese „Säcke" wurden von den flüchtenden Hasen bevorzugt angenommen. Hatte der Kreis zum Ende hin einen Durchmesser von 250 bis 350 m und waren die Abstände zwischen den Schützen passend, gaben die Bläser das Signal „Treiber in den Kessel". Die Schützen blieben nun stehen, und die Treiber setzten ihren Weg zur Mitte hin fort. Hasen durften fortan nur noch nach außen beschossen werden. Um das Treiben in dieser Phase nicht zu intensiv werden zu lassen und zum Schluss noch den letzten Hasen aus der Sasse zu treten, war es dem Jagdleiter geboten, ausreichend früh das Signal „Jagd vorbei" ertönen zu lassen. Hielten sich alle an diese Regeln und jagten weidmännisch, war ein Kesseltreiben auch mit Blick auf den Hasenbestand im kommenden Jahr unproblematisch. Zu Beginn der Treiben wurden bei großen Abständen meist viele Hasen überlaufen und pardoniert. Dies setzte aber voraus, dass jeder Schütze auch wirklich nur diejenigen Hasen bejagte, die eine schussgerechte Entfernung hatten. Insbesondere wenn die Hasen locker lagen und früh das Weite suchten, kamen einige schnell in Versuchung, Hasen zu weit zu beschießen. Die meisten bekamen dann nur ein Paar Schrote ab und verendeten später elendig. Auch in puncto Sicherheit war dauerhaft Selbstbeherrschung und Umsicht angesagt. Bei Kesseltreiben befanden sich stets alle Teilnehmer in Bewegung und mussten von den Schützen im Blick behalten werden.

1989: Verblasen der Strecke

Solange die Hasenstrecken Jahr für Jahr groß genug waren, die Schützen ausreichend Erfahrung und Praxis mitbrachten und sich genügend Helfer für die Treiberwehr fanden, war diese Art zu jagen kein Problem. Nach der Jagd blieben genügend Hasen übrig, um einen ausreichend großen Frühjahrsbestand mit dem notwendigen Nachwuchs für den kommenden Herbst zu sichern.

Mit sinkenden Strecken und nur noch alle paar Jahre stattfindenden Treibjagden wurde die Organisation der Jagd jedoch zunehmend komplizierter. Die zu bejagenden Bereiche mussten den Hasenbesätzen angepasst werden und wurden in der Regel immer kleiner. Oft blieben die Jagdgesellschaften jedoch in gewohnter Stärke, gleichzeitig wurde jedoch die Anzahl der Treiber kleiner. Die fehlenden Treiber wurden entweder durch Durchgehschützen ersetzt, oder man wechselte sogar gleich zum Kesseltreiben mit all den beschriebenen Anforderungen und Schwierigkeiten. Kamen dann noch fehlende Praxis und nachlassende Erfahrung der Schützen hinzu, war die Folge, dass Bestände übernutzt wurden und schnell gar keine Hasentreibjagd mehr durchgeführt werden konnte.

Heute kommen wir der gesetzlichen Forderung nach einer nachhaltigen Bejagung des Hasen sorgsamer nach. Wir zählen die Bestände im Frühjahr und kurz vor der Jagd, berechnen den nutzbaren Überhang, passen die Bejagungsstrategie sowie die Anzahl der Schützen an und sichern so den Fortbestand des Feldhasen und diese Art, auf ihn zu jagen.

1986: Strecke Treibjagd

1987: Strecke Treibjagd

1988: Strecke Treibjagd

1992: Strecke Treibjagd

Die letzte Treibjagd

Das Schicksal von Haus Pesch war inzwischen besiegelt, und die Schaufelradbagger rückten unaufhaltsam näher. Dennoch konnten wir noch bis zum Ende des Jagdjahres 2007/08 im alten Revier jagen. Eigentlich gaben es die Wildbestände nicht her, noch einmal eine Treibjagd in Pesch durchzuführen, aber es war der sehnliche Wunsch meiner Eltern, hiermit auch unter das Thema Jagd einen Schlussstrich zu ziehen.

2007: Begrüßung auf Haus Pesch

Sie übertrugen mir die Jagdleitung, und gemeinsam stellten wir eine Gästeliste zusammen. Wir bemühten uns, vorwiegend gute und alte Freunde einzuladen, die auch früher schon zu unseren Jagdgästen gezählt hatten. Dabei wurde uns deutlich vor Augen geführt, wie viele von diesen schon lange nicht mehr lebten oder nicht mehr zur Jagd gehen konnten. So waren unter den gut 20 Schützen auch einige junge Gesichter, die aber alle auf irgendeine Art und Weise einen direkten Bezug zu Haus Pesch hatten. Morgendlicher Treffpunkt war wie üblich die Hofstelle des Rittergutes. Ich hatte die Jagd zwar gut durchgeplant, war aber dennoch etwas nervös, war ich mir doch der sentimentalen Gefühlslage meiner Eltern überaus bewusst. So stockte gelegentlich meine Stimme, als ich die Ansprache hielt und allen viel Weidmannsheil wünschte.

2007: Auf zur letzten Treibjagd

Wir führten sieben kleinere Kesseltreiben durch, die wir jeweils von den vier Punkten aus angingen. Zwei Treiben fanden im Revier Gut Spenrath und fünf in unserem Revier statt. Die begrenzte Anzahl an Schützen bedingte zu Beginn der Treiben enorm große Abstände, und viele Hasen blieben in der sicheren Sasse oder machten sich unbeschossen davon. Auch die geringe Anzahl an Hunden war nicht gerade hilfreich, wenn es notwendig wurde, einem krankgeschossenen Hasen zu folgen. Dennoch füllte sich der Wildwagen langsam, aber stetig. Dass mit diesem flachen Anhänger schon vor 35 Jahren die Strecke transportiert wurde, fiel, wenn überhaupt, nur denjenigen auf, die damals schon dabei waren. Im vierten Treiben umstellten wir den schmalen Unlandstreifen an der alten Bahnlinie gegenüber dem schon seit geraumer Zeit geschlossenen Landhandel Schüller. Diesen Streifen hatte die Flurbereinigung damals verschont, und so wurde er von mir wohlweislich als Fuchstreiben angekündigt. Eng gingen Treiber und Durchgehschützen durch Dornensträucher, dichte Brombeerschläge und die dazwischenliegenden Altgrasflächen. Ein paar Fasanen gingen auf, und wir konnten drei Hähne erlegen. Die beiden Füchse im Treiben hatten wir in der Treiberwehr nicht bemerkt, aber wie geplant tatsächlich vor uns hergetrieben. Sie kamen den Schützen am schmal werdenden Ende des Treibens passend und wurden sicher gestreckt. Groß war meine Freude – wie zu alten Zeiten! Am Abend lagen im Burghöfchen zwei Füchse, 21 Hasen und drei Fasanenhähne auf der Strecke, ein zufriedenstellendes Ergebnis einer emotional besonderen Jagd. Mit etwas Wehmut und einer Träne im Auge wurde die Strecke zum letzten Mal auf Haus Pesch verblasen.

2007: Streckelegen im Burghöfchen

Ausgelassen und froh sollte es dann aber noch einmal am Abend beim Schüsseltreiben in der Gaststätte „Zum krummen Ochsen“ in Holzweiler werden. Franz-Josef, unser guter und treuer Jagdfreund vom Roitzerhof, wurde die Ehre des Jagdkönigs zuteil. Er hatte einen der beiden Füchse gestreckt und diese Würde redlich verdient. Schon als Kinder sind wir bei ihm und mit ihm zur Jagd gegangen und durften uns vieles abschauen. Auch seine Dankesworte waren von etwas Abschiedsschmerz geprägt, gleichzeitig machte er aber auch Mut, am neuen Standort zukünftig genauso passioniert zur Jagd gehen zu können.

Unsere Hunde in Pesch – Cora, Allan, Biene, Donna

Der blonde Rauhaardackel Dixie meiner Großmutter war mein erster „Jagdhund". Typisch Dackel, hörte er kaum und hatte ständig Unsinn im Kopf, so wie die meisten seiner kurzbeinigen Verwandten. Meine Großmutter hatte ihm zwar beigebracht, auf Kommando Pfötchen zu geben und sich über den Rücken zu rollen, aber für die Jagd war er völlig ungeeignet. Als Zweijähriger war mir dies jedoch völlig schnuppe. Er fühlte sich an wie ein Jagdhund, war verspielt, und kuscheln konnte man mit ihm auch.

1967: Dixie, der Dackel meiner Großmutter

Es gibt viele Gründe, warum Kinder mit Hunden aufwachsen sollten. Sie werden seltener krank, haben weniger mit Allergien zu kämpfen, sind aktiver und gehen mit sich und ihrer Umwelt sorgsamer um. Der Hund nimmt das Kind so, wie es ist, ohne zu urteilen, ohne zu werten. Das stärkt das Selbstbewusstsein und gibt dem Kind ein Gefühl der Geborgenheit. Kinder lernen rasch, dem Hund gegenüber Verständnis aufzubringen, und entwickeln schon früh ein gewisses Verantwortungsgefühl, beides wichtige Erfahrungen bei der Entwicklung ihrer sozialen Fähigkeiten. Der Hund ist in der Lage, Gefühle und Emotionen seines kleinen Begleiters zu spüren, und wird zum Trostspender, seelischen Beistand, Freund und Spielgefährten. Ständiger Kontakt und Austausch durch Laute, Gesten und Verhaltensweisen fördern zudem die soziale Kommunikationsfähigkeit der Kinder. Nicht umsonst hat der Mensch schon vor Jahrtausenden seine Freundschaft zum Wolf entdeckt und ihn als Hund zu seinem treuen Weggefährten gemacht.

Der erste echte Jagdhund im Hause wurde wenig später Cora, unsere einfarbig braune Deutsch-Kurzhaar-Hündin. „Jagen ohne Hund ist Schund", das wussten nicht nur die alten Jäger, sondern natürlich auch meine Eltern. Die meisten ihrer Jagdfreunde führten Hunde, meist Vorsteher, die für die Arbeit in unseren Niederwildrevieren am geeignetsten waren. Nun waren allerdings beide, Vater wie Mutter, keine Hundeleute. Es fehlte ihnen an Zeit, Muße und der notwendigen Erfahrung, um sich selbst der Ausbildung eines Hundes zu widmen. Cora kam also fertig ausgebildet, oder vielmehr das, was man damals darunter verstand, zu uns. Die Jagdhunde dieser Zeit lernten vor allem durch ihre ständige Arbeit im Revier. Mit Beginn der Jagdzeit im Herbst waren sie bis Mitte Januar fast dauerhaft im Einsatz: am Wochenende auf den Treibjagden und während der Woche beim Piddeln auf Hühner und Fasanen. Die innige Bindung zu ihrem Führer, der Einsatz ihrer Nase, ihr Apportierwille und ihre Führigkeit waren Eigenschaften, die dem Hund nicht eingebläut, sondern die zu einem Teil angewölft und zu einem anderen in der Praxis erlernt wurden. Ein wenig Einfühlungsvermögen und die Förderung an der richtigen Stelle brachten meist schon den gewünschten Erfolg. Das wussten Führer und Hund gleichermaßen.

1973: Cora, die beste DKH-Hündin

Cora hatte für einen Jagdhund dieser Zeit eine sehr enge Bindung zu unserer Familie. Tagsüber war sie im Haus, und nur über Nacht musste sie in den Zwinger. Innerhalb der Familie war sie ausgeglichen, belastbar und kinderlieb. Auf der Jagd zeigte sie sich führig, gehorsam und wesensfest, bei der Arbeit immer eifrig, vorstehfreudig und bogenrein sowie am Raubwild mit der notwendigen Schärfe. Man konnte sich blind auf diese Hündin und ihre Nase verlassen. Mit dem Alter wurde sie gegenüber anderen Hunden etwas schwieriger, was die Teilnahme an Hasentreibjagden zunehmend anstrengender machte. Cora ist mir dennoch als der Idealtyp eines Jagdhundes mit Familienanschluss in Erinnerung geblieben.

Aufgrund ihrer besonders gut ausgeprägten Eigenschaften als Jagd- und Familienhund entschieden sich meine Eltern, sie decken zu lassen. Ziel war es, einen der Welpen zu behalten, um sie im Alter durch einen jungen Jagdhund zu ersetzen. Als „Wurfkiste“ diente der alte Pferdestall auf dem Hof, der schon seit Jahren nicht mehr genutzt wurde. Zu Beginn waren die kleinen Racker für uns Kinder noch süß und putzig, aber mit zunehmendem Alter und spitzer werdenden Zähnchen eher weniger umgänglich. Wenn sie auf dem Hof gemeinsam raufen durften, gingen wir Kinder meist auf der freitragenden Treppe, die zum Getreidespeicher führte, in Deckung. Vornweg war dann meist ein Schwarzschimmel-Rüde, der Kopfhund des Wurfes. Die meisten Welpen wurden in unserem Bekanntenkreis vermittelt, und es entwickelten sich einige wirklich beachtenswerte Gespanne. Unvergessen blieb mir Rolf mit seinem einfarbig schwarzen Ako. Warum meine Eltern gerade den Schwarzschimmel für uns aussuchten, bleibt mir bis heute schleierhaft. Ein Kopfhund, dazu noch ein Rüde, der kaum zu einer alternden Hündin im Haus passte und erfahrungsgemäß viel schwerer zu erziehen war. Der Rüde Allan war dann auch in der Tat kaum zu bändigen. Immer vornweg, orientierte er sich kaum an seiner Mutter, um ihre guten Eigenschaften zu kopieren. Hinzu kam, dass die Niederwildbesätze langsam geringer wurden und immer weniger Jagden stattfanden. Ohne die ausreichende Praxis und ohne die erfahrene Hand eines Ausbilders, entwickelte er sich zu einem völlig unerzogenen und für die Jagd kaum brauchbaren Hund, der sein Dasein fast ausschließlich im Zwinger fristete. Da er vor lauter Langeweile auch noch bei jeder Gelegenheit zu kläffen anfing, wurde er schließlich ohne jeglichen Anschluss an die Familie gänzlich in den Zwinger auf dem Hof verbannt. Er bleibt mir als der ärmste unserer Jagdhunde in Erinnerung und sollte mir zukünftig immer als mahnendes Beispiel dienen, wie man das gemeinsame Leben mit einem Hund keinesfalls gestalten sollte.

1988: Hasentreibjagd mit Biene

Nach einigen Jahren wurde Allan durch die Kleine-Münsterländer-Hündin Biene ersetzt. Meine Eltern hatten inzwischen begriffen, dass sie nicht wirklich geeignet waren, sich um die Ausbildung eines Jagdhundes zu kümmern. So wurde Biene für einige Zeit bei Willi, der inzwischen Jagdaufseher in unserem Revier geworden war, untergebracht. Er bereitete die Hündin auf die anstehenden Prüfungen vor und führte sie dort erfolgreich. Willi ging nicht zimperlich mit Hunden um, und vielleicht war es ganz gut, seine Arbeit mit dem Hund nicht unmittelbar miterleben zu müssen. Auch wenn meine Eltern es sich so recht einfach gemacht hatten, das Ergebnis war auf alle Fälle besser für uns und auch für den Hund. So oft wie möglich nahm ich Biene mit zur Jagd: im Park auf Kaninchen, im Feld auf Fasanen und bei Treibjagden auf Hasen. Mit Biene verbinde ich viele schöne jagdliche Erlebnisse, auch wenn sie zeitlebens Willi als ihren eigentlichen Herrn anerkannte. In meinen Armen wurde sie im hohen Alter eingeschläfert, und ich habe sie unter Tränen im Garten begraben.

Unsere guten Erfahrungen mit dieser Rasse ließen auf Biene die junge Kleine-Münsterländer-Hündin Donna folgen. Willi war inzwischen verstorben und kam als Ausbilder nicht mehr infrage. Ich war in den ersten Jahren meiner Selbstständigkeit als Landschaftsplaner und hatte auch nicht genügend Zeit, mich um ihre Ausbildung zu kümmern. Folgerichtig entschieden sich meine Eltern für den Kauf eines fertig ausgebildeten Hundes. Ja, er kostete ein paar Euro mehr, aber diese Investition war zu diesem Zeitpunkt konsequent und richtig. Donna brauchte ihre Zeit, bis sie richtig bei uns angekommen war. Auch bei ihr spürte man die harte Hand ihres Ausbilders. Aber danach bereitete sie uns jagdlich über viele Jahre hinweg viel Freude. Leider nur so lange, bis sie sich in fortgeschrittenem Alter einen Kreuzbandriss zuzog. Mehr als ein halbes Jahr dauerte es nach der Operation, bis sie wieder auf allen vier Läufen war. Nur wenige Monate später riss jedoch auch das künstliche Band, von einer weiteren Operation wurde uns abgeraten, und so lief der Hund fortan nur noch auf drei Beinen. Donna verbrachte ihre letzten Jahre als reiner Familienhund bei uns im Haus. Als wenn es die Hündin gespürt hätte, kurz bevor wir den Schaufelradbaggern des Braunkohletagebaus weichen und Haus Pesch verlassen mussten, stellte sie das Fressen ein und musste eingeschläfert werden. So verließen wir Haus Pesch ohne Hund und zogen in unsere neue Heimat, den Ramrather Hof.

2004: Piddeln auf Fasanen mit Donna, Familie und Freunden

Jagen auf dem Ramrather Hof

Viele Jahre hatten wir mit RWE über unsere Umsiedlung von Haus Pesch nach Ramrath verhandelt und gestritten. Viele Jahre hatten wir parallel die Umbau-, Renovations- und Neubaumaßnahmen geplant, verworfen und erneut geplant. Immer wieder gab es Zeitpunkte, an denen alles zu scheitern drohte. Mal waren es die unbefriedigenden Verhandlungsstände, mal Probleme mit den Genehmigungsverfahren. Eine anstrengende und für die ganze Familie sehr belastende Zeit. Aber Ende 2006 waren Genehmigung und Verträge endlich in trockenen Tüchern, und im Jahr darauf konnte mit den umfangreichen Baumaßnahmen am neuen Standort begonnen werden. Gut zwei Jahre dauerten diese Arbeiten, bis unsere Familie peu à peu nach Ramrath umziehen konnte. Wenig Zeit blieb in diesem Lebensabschnitt für die Jagd – nicht mehr im Revier Haus Pesch und auch noch nicht in unserer neuen jagdlichen Heimat, dem Revier Ramrather Hof und Haus Kamp. Erst zum Ende der Zuckerrübenernte im Herbst 2008 schossen meine Frau Ulla und unsere Jagdfreunde Elke und Hartmut die ersten Stücke Wild im neuen Revier. Im letzten Rübenstreifen kamen ein Dachs, ein Fuchs und ein Fasanenhahn zur Strecke.

Unsere neue, überschaubare Eigenjagd hatte eine Größe von 125 Hektar und war gut arrondiert. Fast zur Gänze bestand die Jagd aus großen und blanken Ackerflächen, nur in Dorfnähe um die beiden alten Hofstellen kamen einige Wiesen mit altem Baumbestand hinzu. Nördlich wurde die Jagd durch den künstlich von RWE mit Wasser gespeisten Gillbach begrenzt. Der Landschaftspflegerische Begleitplan zur Baugenehmigung sah allerdings die Anlage neuer Gartenanlagen um die Höfe und Häuser sowie umfangreiche Ausgleichspflanzungen um den neu errichteten Betriebshof und an den Ufern entlang des Gillbaches vor. Heute, 15 Jahre später, haben sich diese längst zu einem Refugium für Reh, Hase, Kaninchen und Fasan entwickelt.

Natürlich wurden wir als Zugezogene zunächst einmal kritisch beäugt, aber nach einem ersten vorsichtigen Beschnuppern umso herzlicher in der neuen Heimat aufgenommen. Das betraf nicht nur die Dorfgemeinschaft, sondern auch die Gemeinschaft der Jäger. Der damalige Hegeringleiter und heutige gute Jagdfreund Hubertus hieß uns im Hegering mit offenen Armen willkommen. Das abendliche Grillen nach der alljährlich im Hegering stattfindenden revierübergreifenden Jagd auf Tauben und Rabenkrähen wurde gleich in unserem ersten Jahr auf dem Ramrather Hof ausgetragen. Am Gillbach wurde auf Enten gejagt. Bei unserem jagdlichen Nachbarn Friedhelm durfte ich auf den Dachs ansitzen. Ansitzleiter und Falle brachten Fuchs um Fuchs auf die Strecke. Die Gemeinschaft der Jägerinnen der Kreisjägerschaft Neuss wurde zum Piddeln auf Fasanen eingeladen. Gemeinsam mit den längst zu guten Jagdfreunden gewordenen Nachbarn Friedhelm, Franz-Josef und Charly ging ich frettieren. Ich zählte die Wildbestände im Frühjahr und organisierte revierübergreifende Treibjagden auf den Fuchs mit den benachbarten Beständern. Viele weitere Ereignisse ließen sich aufzählen, aber das Erfreulichste war und ist, dass ich viele Jäger kennenlernen durfte, die ihr Handwerk, die Niederwildjagd, verstanden und genauso passioniert wie ich zu Werke gingen. Seit dem Jahr 2019 bin ich nun selbst Hegeringleiter und bemühe mich, die gute Arbeit meiner Vorgänger Hubertus und Arno fortzusetzen. Immer im Sinne der Jagd und immer mit der Intention, zum Jagen zu motivieren.

Unsere Hunde auf dem Ramrather Hof – Ward, Kira, Birdie …

Jagd und Hof ohne Hund, das ließ sich schon nach kurzer Zeit nicht mehr in Einklang bringen. Unsere Jungs waren im Jahr 2010 drei und sechs Jahre alt, und so sollte endlich wieder ein Hund ins Haus, auf den wir uns in der Familie blind verlassen, den wir aber auch jagdlich passend einsetzen konnten. Gemeinsam entschieden wir uns für die braune Labradorhündin Ward aus dem Zwinger „Wind In The Willows“ der erfahrenen Züchterin Maria Pingen aus Kerpen. Ulla übernahm die Ausbildung der Labradorhündin und hatte das große Glück, mit Wilma und Georg aus dem Nachbarrevier Gut Muchhausen äußerst liebenswerte und versierte Hundeausbilder kennenzulernen. Schon nach anderthalb Jahren hatte sie mit Ward alle einschlägigen jagdlichen Retrieverprüfungen bestanden. Endlich konnte es wieder gemeinsam mit einem Hund zur Jagd gehen. Wir vereinbarten, dass derjenige, der eine Jagdeinladung erhielt, den Hund auch mitnehmen sollte. Wir wollten Ward einfach so viele Jagdmöglichkeiten bieten, wie es eben ging. Nie werde ich meine erste sonntägliche Fasanenjagd bei unserem neuen Nachbarn Charly vergessen. Ward jagte die schmalen Senfstreifen völlig selbstständig ab. Einen nach dem anderen, ohne jegliche Bindung zur Jagdgesellschaft, geschweige denn zu mir. Ulla musste sie zur Mittagszeit abholen, damit wenigstens noch ein paar Hähne zur Strecke kamen. Trotz zweier Füchse, die ich kurz hintereinander am Senf schoss und die mir großes Lob des Beständers einbrachten, war mir die Situation insgesamt äußerst peinlich. Nur wenige Tage später flüsterte Charly Ulla ins Ohr, dass es wohl besser wäre, mir den Hund nicht mehr mitzugeben, und dass bei zukünftigen Jagden sie statt meiner mitkommen sollte, um den Hund selbst zu führen.

2017: Kira und Ward

Ward ist inzwischen 13 Jahre alt und hat sich jagdlich aufs Altenteil zurückgezogen. Auf der Jagd begleitet werden wir nun von der inzwischen siebenjährigen Hündin Kira, ebenfalls ein brauner Labrador aus dem gleichen Zwinger. Sie ist die gute Seele im Haus und hat eine extrem enge Bindung zu uns. Jagdlich hat sie schon viel erlebt und durfte uns auf vielen unserer Auslandsjagden auf Niederwild nach Schottland, Tschechien und Slowenien begleiten. Der Wunsch, mit ihr zu züchten, keimte recht schnell in uns auf. Wir meldeten im LCD (Labrador Club Deutschland e.V.) unseren Zwinger „My Gillbach Hunter“ an und hatten seitdem zwei Würfe, den A-Wurf im Jahr 2019 und den B-Wurf drei Jahre später. Eine ganz besondere Erfahrung, die ein eigenes Buch wert wäre. Aus dem zweiten Wurf haben wir die schwarze Labradorhündin Birdie behalten, mit der wir uns aktuell in der Ausbildung befinden, um mit ihr Ende dieses Jahres die ersten Prüfungen zu gehen. Nun leben wir also glücklich mit drei Hunden zusammen, und keinen von ihnen möchten wir auch nur eine Minute missen.

2022: Die kleine Birdie

„In den Augen meines Hundes liegt mein ganzes Glück, all mein Inneres, Krankes, Wundes heilt in seinem Blick.“ (Friederike Kempner).

Neue Nachbarn

Charly, unser Feldnachbar auf dem Vronoverhof, war der erste Jäger, den ich in Ramrath kennenlernen sollte. Gebürtig stammte er vom Niederrhein, dort war er mit der Landwirtschaft und der Niederwildjagd aufgewachsen. Er schaute sich eine Sämaschine auf unserem Hof an, und wir kamen schnell über die Jagd ins Gespräch. Mit seiner tiefen, sonoren Stimme tauschten wir uns über die Jagd auf den Fuchs aus und stellten rasch erste Gemeinsamkeiten fest. Gerne luden meine Eltern und ich ihn daher im kommenden Winter zur Drückjagd in die Eifel ein. Er fragte, ob er seinen Sohn Reinhard mitbringen könne. Hätte ich gewusst, dass Reinhard schon lange einen Jagdschein besaß, hätte er natürlich als Schütze an der Drückjagd teilnehmen können, aber so ging er im ersten Jahr als Treiber mit. Reinhard hatte eine Zeit lang eine Ausbildung zum Berufsjäger absolviert, später aber beruflich umgesattelt. Schnell stellte ich fest, dass beide, Vater und Sohn, extrem passioniert waren und genau wussten, wovon sie sprachen.

2019: Der Hasenjäger kann auch anders

Im Jahr darauf folgte Charlys erste Einladung zur Hasentreibjagd. Die kleine Jagdgesellschaft war bereits versammelt, als ich auf dem Hof eintraf. Charly begrüßte mich herzlich, seine niederrheinische Verwandtschaft hingegen eher schroff und sehr direkt. Ich solle mich doch erst einmal vernünftig vorstellen, bevor wir gemeinsam zur Jagd gingen, lautete der Tenor. Ich konnte damit umgehen und scherzte, dass es durchaus Sinn machte, im Vorfeld zu klären, wer einem später auf den „Sack" schießen würde. Das Gelächter war groß, und die erste Hürde schien genommen. Wir schossen mit 16 Flinten um die 30 Hasen, allesamt in klassischen Standtreiben mit einer echten Treiberwehr, aus der kaum ein Schuss fiel. Charly bot mir schnell das Du an und positionierte mich so, dass mir einige Hasen passend kamen. Er wusste genau, welche Richtung die Hasen in den jeweiligen Treiben nehmen würden, und dirigierte die Jagdgesellschaft entsprechend. Gott sei Dank schoss ich an diesem Tag ganz gut und konnte ein paar Pluspunkte bei meinem Gastgeber einfahren. Nach dem Streckelegen ging es umgehend zum Schüsseltreiben in die Diele des Hofhauses. Auch wenn ich den niederrheinischen Dialekt kaum verstand, war der Abend, im Gegensatz zu dem eher spröden Start in den Jagdtag, äußerst warmherzig, zwanglos und vor allem urgemütlich. In den kommenden Jahren entwickelte sich zu Charly und dessen Sohn eine echte Jagdfreundschaft, die ich bis heute nicht missen möchte. So viel konnte ich von den beiden erfahrenen Niederwildjägern lernen, und viele gemeinsame Jagderlebnisse sollten in den kommenden Jahren folgen.

2021: Sie verstehen ihr Handwerk

Charly lud neben seiner Verwandtschaft auch konsequent alle jagdlichen Nachbarn ein. Das war für mich natürlich eine gute Gelegenheit, auch hier Fuß zu fassen. Im nördlich an unser Revier angrenzenden Jagdbezirk Hoeningen jagten Friedhelm, sein Sohn Frank sowie deren Jagdaufseher Franz-Josef. Auch wir fanden schnell und unkompliziert einen vertrauensvollen Draht zueinander. Ging es darum, Fuchs und Krähe nachzustellen, spielten Reviergrenzen keine Rolle. Aber auch alle anderen jagdlichen Nachbarn, wie Willi mit Sohn Jörg in Gohr, Guido mit Sohn Jonas in Barrenstein, Urban mit Sohn Bernd und seinen Enkeln Philipp und Justus in Oekoven, Hermann in Haus Leusch, Markus in Wevelinghoven – überall das gleiche Bild: sehr erfahrene Niederwildjäger, die mit viel Engagement und Passion ihre Reviere meist schon seit vielen Jahren betreuten.

Jagdlich war ich in einem Schlaraffenland angekommen. Im anstehenden Tagebaugebiet am alten Standort war die Jagd vielerorts eingeschlafen. Die Hegeringe verloren Mitglied um Mitglied und waren kaum noch aktiv. Hier am neuen Standort war alles völlig anders. Hier wurde gemeinsam gehegt und gejagt, ohne Wenn und Aber.

Lockjagd – Mehr als die ein oder andere Krähe

Nachdem das Ausschießen der Krähennester verboten worden war, kamen Rabenkrähen im Revier Haus Pesch eigentlich nur noch als Zufallsprodukte bei Revierfahrten zur Strecke. Einige wenige Male hielten es die schlauen Vögel aus, und man kam mit der kleinen Kugel vom Auto aus zu Schuss. Danach erhöhte sich deren Fluchtdistanz jedoch derart, dass nur noch Glückstreffer auf große Entfernungen Erfolg brachten. Meist aber suchten die Krähen schon nach kurzer Zeit das Weite, sobald sie den Wagen auch nur ansatzweise ins Revier fahren sahen. Die Bestände waren allerdings insgesamt auch überschaubar. Hier und da ein Pärchen, aber größere Schwärme waren eher eine Seltenheit. Dies sollte sich im Laufe der Jahre und vor allem im Revier rings um den Ramrather Hof ändern.

Rabenkrähen sind ausgesprochene Kulturfolger und besiedeln heute nicht mehr nur die von ihnen bevorzugten halboffenen Landschaften, sondern auch unsere Städte und Dörfer. Hier ist der Gabentisch über das ganze Jahr hinweg reich gedeckt. Meist trifft man sie in größeren Schwärmen an, nur in der Brutzeit sieht man sie bevorzugt als Brutpaare im Revier. Ihre mit fast 20 Jahren recht hohe Lebenserwartung lässt mitunter große Schwärme anwachsen, die in unseren Revieren enorm zu Schaden gehen können. Schwindende Niederwildbestände sind eine Folge sich verschlechternder Lebensräume und Lebensbedingungen in Verbindung mit ungünstigen Wettereinflüssen und hohem Prädationsdruck. Dabei ist sicherlich der Lebensraum der entscheidende Faktor, gleichzeitig aber auch derjenige, der von uns Jägern nur begrenzt verbessert werden kann. Die am leichtesten zu beeinflussende Stellschraube ist und bleibt eine konsequente und stetige Prädatorenbejagung. Und dann ist der Erfolg meist deutlich und auch nachhaltig spürbar, das haben unzählige Untersuchungen längst bewiesen. Hierzu gehört aber nicht nur eine intensive, mit Waffe und Falle durchgeführte Bejagung von Fuchs, Dachs, Steinmarder und Co, sondern auch ein ebenso hartnäckiges Nachstellen unserer jagdbaren Rabenvögel, in Nordrhein-Westfalen der Rabenkrähe und der Elster. Durch die Fähigkeit der Rabenkrähe, bei der Nahrungssuche wiederkehrende Suchbilder, wie die Gelege von Bodenbrütern oder noch nicht mobile Junghasen, zu erlernen, fügt dieser schlaue Räuber nicht nur unserem Niederwild, sondern auch vielen anderen bedrohten Tierarten des Offenlandes nachhaltigen Schaden zu.

Unser Betriebsleiter Christoph beschwerte sich eines Tages bei mir, dass abends unzählige Krähen auf den Dächern unserer Lagerhallen einfielen und die Fotovoltaikanlage verschmutzten. So ging ich den Betriebshof während der nächsten

Abende mehrfach ab und konnte dabei die ein oder andere Krähe erlegen. Mir war zudem aufgefallen, dass auch morgens viele Krähen unseren Hof aufsuchten. Es war also einen Versuch wert, es nicht nur am Abend, sondern auch zu einer anderen Zeit auszutesten. Schon nach wenigen Versuchen wurde erkennbar, dass die schwarzen Gesellen morgens immer die gleiche Flugroute hinter den Hallen entlang nahmen, um von ihren Schlafbäumen im Dorf Richtung Feld zu fliegen. So positionierte ich mich im Schutz einer Möhrenkiste und setzte zusätzlich eine uralte, abgenutzte, inzwischen hochglänzende Plastikkrähe als Lockmittel auf. Es war erstaunlich, wie aufmerksam die Krähen darauf reagierten und auch meine Strecken langsam anstiegen. Es war nun nicht mehr nur die ein oder andere, sondern schnell kam auch schon mal eine ganze Handvoll zusammen.

So hatte ich tatsächlich die Jagd am freundlichen Lockbild eigentlich fast per Zufall für mich entdeckt, aber nun hatte ich Blut geleckt. Im Laufe der Zeit stockte ich meine Ausrüstung um weitere 20 beflockte Lockkrähen nebst Transportrucksack, einem Tarnschirm, einem Krähenlocker und ein wenig Tarnkleidung wie Handschuhen und Gesichtsmaske auf. Auf Camouflage-Kleidung und Waffenüberzieher verzichtete ich, dies war und ist auch heute noch aus meiner Sicht entbehrlich. Ich testete alle möglichen Plätze in unserem Revier aus und musste feststellen, dass der Erfolg viele Facetten hat und nicht überall gleich ausfiel. Als günstigster Platz erwies sich der Ansitz unter einem Strommast an der Grenze zu Friedhelms Revier. Diesen Bereich konnten die Krähen schon von Weitem einsehen, zudem lag er direkt an ihrer bevorzugten morgendlichen Flugroute. Ab Anfang August hieß es nun für mich, etwa alle zwei Wochen sehr früh aufzustehen, um bereits weit vor dem ersten Licht das Lockbild und den Tarnschirm aufgebaut zu haben. Was dann folgte, war an Spannung und Spektakel kaum zu überbieten. Würden die Krähen das Lockbild annehmen? Im Idealfall sogar nur wenige Meter vor dem Schirm inmitten der Kunststoffattrappen einfallen? Kamen sie einzeln, im Paar oder gar im Schwarm? Hielt der Gegenwind, den die Krähen gen Schirm gerne annahmen? Wie war es heute um meine Schießleistung mit der Flinte bestellt? Gelangen die Dubletten, oder musste ich zu viele „Zeugen" davonfliegen lassen? Lange war ich ein durchschnittlicher Flintenschütze, aber inzwischen hatte sich meine Trefferquote so erhöht, dass mir kaum noch eine Krähe entkam. Verschoss ich zunächst alle alten Schrotpatronen aus meinem eigenen sowie aus dem elterlichen Bestand, so wechselte ich danach auf eine Streupatrone im unteren und eine Patrone, die etwas mehr Zug hatte, im oberen Lauf. Beide mit der Schrotstärke 2,7 mm, denn eine gute Deckung brachte deutlich mehr Erfolg als ein dickeres Schrotkorn.

Mein jagdlicher Nachbar Friedhelm wollte meinen enthusiastischen Erzählungen nicht so recht Glauben schenken, war aber so beeindruckt, dass er mein Angebot, es einmal gemeinsam zu probieren, neugierig annahm. Wir wählten den Stand am Pferdemisthaufen unmittelbar hinter den Hallen. Der Flug war ganz passabel, und es dauerte nicht lange, bis die erste Krähe im Bild saß. Ich forderte Friedhelm auf, die Krähe zu erlegen, aber er hatte sie gar nicht einfallen sehen. Sieben Krähen lagen nach zwei Stunden auf der Strecke, alle sieben hatte ich erlegt. Frustriert über seine Schießkünste und die fehlende Erfahrung, aber angetan von dieser Art zu jagen, bat mich Friedhelm, für ihn eine Liste mit der notwendigen Ausrüstung zusammenzustellen. Fortan wurde in seinem großen Revier ebenso intensiv auf diesen Räuber gejagt. Auch Charly, meinen Nachbarn auf der anderen Seite des Reviers, versuchte ich ebenfalls zu überzeugen, aber dem alten Haudegen war diese Art der Jagd zu hektisch, und so bot er mir an, fortan auch in seinem Revier auf Krähen jagen zu dürfen.

2014: Mit Nachbar Charly auf Krähen

14 Jahre jage ich nun schon im Ramrather Revier, und inzwischen sind bereits über 800 Krähen zur Strecke gekommen. Im Spitzenjahr 2012/13 waren es einmal 152 Stück. Heute lässt sich feststellen, dass in unserem Raum die Besätze an Krähen

deutlich zurückgegangen sind, viele Krähen sogar bewusst unsere Reviere meiden und folglich die Krähenstrecken in den vergangenen Jahren stetig abgenommen haben. Gleichzeitig können wir uns aber auch schon seit mehreren Jahren über einen guten Rebhuhnbesatz und seit ein paar Jahren auch wieder über eine überdurchschnittlich gute Hasenpopulation freuen. Und auch die Fasanen legen wieder zu. An jeder Ecke sitzt derzeit ein Hahn und wacht über sein Gesperre. Spielt das Wetter nur einigermaßen mit, sollten im kommenden Herbst auch wieder vernünftige Fasanenjagden stattfinden können.

Meine Erfahrungen mit der Jagd auf Rabenkrähen und meine nicht nachlassende Passion gebe ich als Hegeringleiter inzwischen gerne an Jungjäger weiter. Viele von ihnen haben mich schon frühmorgens draußen begleitet, und ich vermochte es, sie nachhaltig für diese Jagdart zu begeistern. Natürlich gebe ich bereitwillig alle Kniffe weiter, aber letztlich muss jeder seine eigenen Erfahrungen machen. Der Jungjäger Karsten, der inzwischen im Nachbarrevier Vronoverhof den Krähen nachstellte, schickte mir vor ein paar Wochen ein Foto von seinem Lockbild und fragte mich, ob hieran etwas ungewöhnlich sei, da am Morgen keine einzige Krähe das Bild angenommen habe. Das Lockbild war perfekt, die Lockkrähen waren willkürlich und mit etwas Abstand verteilt, die weiteste etwa 25 m entfernt, am Rand zwei abseits sitzende Wächter und in der Mitte eine helle Brötchentüte als Eyecatcher, aber es fehlte an den notwendigen Beobachtungen im Vorfeld. Auch ich hatte in diesem Bereich des Nachbarreviers schon tagelang keine Krähen mehr gesehen. So war sein Versuch im Vorhinein zum Scheitern verurteilt.

Der Entenstrich – Immer gen Westen

Zum Entenstrich musste man noch nie besonders früh raus, es reichte, wenn man das Einsetzen der Dämmerung abwartete. Das war am schilfbewachsenen großen Weiher in Pesch schon so, und auch im Ramrather Revier am Gillbach kamen die Enten nicht früher. Den richtigen Moment abgepasst, gehörten diese Abende dann aber mit zu den interessantesten, die unsere Niederwildreviere zu bieten haben. Gut getarnt nahmen wir unsere Stände im mit Weidensträuchern bewachsenen Uferrandstreifen ein. Wir hatten den Wind im Rücken und schauten gen Westen. Die beste Konstellation, um erfolgreich zu sein. Enten landen bevorzugt gegen den Wind, und gen Westen blickend hat man den noch lange hell bleibenden Horizont im Gesicht und kann die Konturen der Enten fast bis zur vollständigen Dunkelheit erkennen.

Anstreichende Enten gegen den Horizont (Foto: ©rck/stock.adobe.com)

Etwas Geduld war angesagt, bis sich die ersten Enten ankündigten. Lange bevor wir sie in Anblick bekamen, konnten wir das feine Zischen ihrer Schwingen und die angeregte Schnatter-Unterhaltung am Himmel hören. Dann sah man den Schof am Himmel kreisen. Jetzt hieß es Ruhe bewahren, nicht unnötig bewegen, aber dennoch in Spannung bleiben, um den kurzen Moment nicht zu verpassen, wenn sie wie Steine vom Himmel fielen, um auf dem Gewässer einzufallen. Der kleine Schof hatte keinen Späher geschickt, um die Lage zu sondieren. Alle sechs Enten kamen gemeinsam. Vier Schüsse brachen. Meine Frau Ulla konnte ein Dublette vom Himmel holen, und ich steuerte eine dritte Ente bei. Ein zweiter Schof zeigte sich wenige Minuten später, fiel aber außer Reichweite auf dem Bach ein. Die Dunkelheit setzte schneller ein als gedacht, und schon war die Jagd vorbei. Kira wartete längst ungeduldig darauf, die erlegten Enten zu apportieren. Erstaunlich, wie gut sie sich die Stellen gemerkt hatte, an denen die Enten zu Boden gegangen waren.

Die Stockente ist mit einem geschätzten Brutbestand von etwa 25.000 bis 50.000 Paaren der mit Abstand häufigste Wasservogel in Nordrhein-Westfalen. Die genügsame Gründelente ist überall dort anzutreffen, wo auch nur ein wenig Wasser fließt oder sich sammelt. Obwohl die Brutbestände vom Bundesamt für Naturschutz in den vergangenen Jahren als recht stabil eingestuft wurden, sinken die Streckenergebnisse seit vielen Jahren kontinuierlich. Kamen vor etwa zehn Jahren in Nordrhein-Westfalen noch 85.000 Enten zur Strecke, sind es heute mit nur etwa 55.000 mehr als ein Drittel weniger. Wie kann das sein? Wir Jäger grübeln und suchen auch hier zunächst nach einfachen Erklärungen. Aber die Gründe sind, wie so oft in der Natur, wieder einmal wesentlich vielschichtiger und komplexer als gedacht.

Sicherlich spielen regionale Einflussfaktoren für diesen dramatischen Rückgang eine gewisse Rolle. Unsere Gewässer sind heute wesentlich sauberer, als dies noch vor Jahren der Fall war. Dies kommt der Stockente nicht besonders entgegen, da sie früher in eutrophierten Gewässern viel mehr Nahrung fand. Insbesondere auf das Überleben der Küken hat dieses verminderte Nahrungsangebot nachweislich einen negativen Einfluss. Darüber hinaus hat die Anzahl an eingewanderten Beutegreifern wie Waschbär, Marderhund und Mink zugenommen. Gerade in trockenen Jahren mit niedrigen Wasserspiegeln kommen sie zusammen mit Fuchs, Dachs und Marder leichter an die Brutstätten heran und tun sich an Eiern, Küken und der brütenden Ente gütlich. Ob der „Hooligan" unter den Wasservögeln, die aus Afrika eingewanderte Nilgans, wirklich großen Einfluss auf die Population unserer Stockenten hat, ist allerdings umstritten. Aber allein schon die Konkurrenz um Brut- und Nahrungshabitate unserer einheimischen Vögel hat ausgereicht, dass die sich stark vermehrende Art von der EU als invasiv eingestuft wurde und intensiv bejagt werden soll. Auch zunehmende Störungen des Brutgeschäfts durch den vermehrt in die Natur drängenden Menschen sind bei den Erklärungsbemühungen sicherlich nicht außer Acht zu lassen. Ein verstärktes Auftreten von Krankheiten kann hingegen nicht beobachtet werden. Die Fallwildberichte der Forschungsstelle für Jagdkunde und Wildschadenverhütung weisen keine Häufung von bestimmten Krankheiten bei Enten auf.

Möchte man die Populationsentwicklung jedoch ganzheitlicher betrachten, muss man über den Tellerrand hinausschauen. Die Stockente ist eine sehr mobile Art und kommt in Deutschland als Stand-, Strich- oder Zugvogel vor. Nicht weniger als 800.000 rastende Stockenten aus Nordosteuropa füllen über den Winter alljährlich unsere Bestände zur besten Jagdzeit auf. Obwohl die Stockente sehr kälteresistent ist, fliehen ab September viele Enten vor den niedrigen Wintertemperaturen Osteuropas, um in milderen Gefilden zu überwintern und dann im Frühjahr wieder in ihre angestammten Brutgebiete zurückzukehren. Wie mobil die Stockente dabei sein kann, zeigte die in Hessen besenderte Ente Dora. Sie flog im April 2020 innerhalb von zwei Tagen über 2.250 km weit zurück in ihre Heimat an der Wolga, nördlich von Moskau. Doch dieser Trend ist stark rückläufig, und der Anteil der skandinavisch-baltisch-russischen Rastenten an unseren Strecken nimmt rapide ab. Der Klimawandel lässt die Winter milder ausfallen und bietet den Enten inzwischen auch im Nordosten Europas günstigere Überwinterungsbedingungen. Die Stockenten reagieren folgerichtig und verkürzen zunehmend ihre Zugstrecken. So nimmt die Höhe der Rastbestände in Mitteleuropa deutlich ab, wohingegen die Bestände in Schweden stetig ansteigen.

2023: Münsterländer Entenbrutkorb

Es ist also zu befürchten, dass wir in Zukunft nicht mehr unbegrenzt aus dem Vollen werden schöpfen können. Vielmehr wird es geboten sein, die hiesige Brutvogelpopulation und deren Reproduktionsrate genau im Blick zu behalten. Hier bietet die jährlich erfasste Jagdstrecke ein geeignetes Vehikel, wenn bestimmte Voraussetzungen wie die geschlechterweise Ausweisung nach Erpel oder Ente und nach Alt- oder Jungvogel erfüllt werden. Grundsätzlich ist es wichtig, den Anteil weiblicher Enten an der Gesamtpopulation zu beobachten, da ein Rückgang beispielsweise aufgrund eines erhöhten Prädationsrisikos der brütenden Weibchen meist auch zu einer niedrigeren Reproduktionsrate führt. Bleibt der Weibchenanteil konstant, stellt sich aber immer noch die Frage, ob die Enten auch tatsächlich erfolgreich gebrütet haben. Dies lässt sich wiederum nur an der Anzahl der Jungenten an der Strecke ablesen. Dies festzustellen ist nicht ganz einfach, aber am Mauserzustand von Entenschwingen möglich. Die Dänen machen uns dies seit gut 30 Jahren vor. Anhand eingesandter Schwingen erlegter Enten wird nicht nur die Geschlechterverteilung, sondern auch die Alterszusammensetzung der Strecken bestimmt. Ein niedriger Anteil an Jungenten weist dabei deutlich auf eine geringe Zuwachsrate hin. In Nordrhein-Westfalen sind wir leider noch lange nicht so weit, aber in Hessen wird genau dieses Verfahren von der Justus-Liebig-Universität Gießen in Zusammenarbeit mit dem Landesjagdverband Hessen seit einigen Jahren durchgeführt. Ziel ist es, dass sich die Strecke bei ausreichenden Besatzdichten im Rahmen des jährlichen Zuwachses bewegt, denn nur so kann eine nachhaltige Bejagung gewährleistet werden.

Wenn wir uns in unseren Revieren den spannenden Entenstrich erhalten wollen, bleibt also nur, die Bestände der Stockente aufmerksam zu beobachten, sie mit Bruthilfen zu unterstützen und im Herbst verantwortungsvoll zu bejagen.

Am Dachsbau – Nur ja sauber treffen!

„Der Dachs steckt fast immer im Bau", das wissen vor allem erfahrene Bodenjäger. Und genau dies wurde unserem größten Marderartigen fast zum Verhängnis. Im Zuge der Tollwutbekämpfung wurden Fuchsbaue bis Mitte der 80er-Jahre über viele Jahre hinweg auf staatliche Anordnung hin konsequent begast. Getroffen hat es dabei vor allem den Dachs, dessen Population gebietsweise an den Rand des Existenzminimums geriet. Nun hört man es allenthalben aus unseren Revieren: Die Dachsbesätze steigen von Jahr zu Jahr wieder an. Sein größter Feind, die Tollwut, ist längst ausgerottet, und die milden Winter lassen ihn kräftiger ins Frühjahr gehen als noch vor vielen Jahren. Durch den vermehrten Anbau von Energiepflanzen, insbesondere den Maisanbau, ist der Gabentisch zudem immer reich gedeckt. Zeigten viele Jäger während des Populationstiefs richtigerweise nur noch wenig Interesse an einer Bejagung des Dachses, so gerät Grimbart heute wieder stärker in den Fokus.

Unermüdlich gräbt der Dachs an seiner Burg (Foto: ©Anne Coatesy/stock.adobe.com)

Bis vor wenigen Jahren hatte ich noch keinen einzigen Dachs auf der Strecke. In Pesch kam er äußerst selten vor, und in der Eifel ließ ich ihn beim Ansitzen regelmäßig ziehen. Aber hier im Ramrather Revier war er allgegenwärtig und als Konkurrent um das Niederwild Ziel unserer Hege mit der Waffe. Sichtungen waren eher zufällig und selten, aber anhand seiner Baue war zu erkennen, dass er sich wieder auf hohem Niveau etabliert hatte. Auch wenn sich der Nahrungsopportunist vorwiegend pflanzlich ernährt, bleibt der Dachs ein klassischer Sammler. Auf seinen nächtlichen Streifzügen sucht er Flächen systematisch ab und findet aufgrund seines hervorragenden Geruchssinns nicht nur Mais, Fallobst, Beeren und Pilze, sondern auch das ein oder andere Jungtier sowie viele Gelege unserer heimischen Bodenbrüter. Gerade die sind aber aktuell die Verlierer unseres Landschaftswandels. Fasan, Feldlerche, Kiebitz, Rebhuhn und Co sind vielerorts derart in Bedrängnis geraten, dass sie neben einer notwendigen Biotopverbesserung auch der Unterstützung der Jäger bedürfen. Die Prädatorenbejagung ist natürlich kein Allheilmittel, aber ein wichtiger Bestandteil bei dem Erhalt und der Förderung einer artenreichen Natur. Gerade in unseren Niederwildrevieren ist deshalb die Jagd auf den Dachs ein absolutes Muss. Aber auch die durch ihn verursachten Schäden an Ackerkulturen sind inzwischen nicht unbedeutend. Sie führen zwar zu keiner Schadensersatzpflicht, werden aber häufig mit Schwarzwildschäden verwechselt und somit dann doch aus dem Portemonnaie der Jäger bezahlt.

„Wer den Bau weiß, hat den Dachs!" lautet eine alte Jägerweisheit. Dachse sind sehr standorttreue Tiere, die ihre Dachsburgen oft über Jahrzehnte bewohnen. Ihre Anwesenheit ist am unentwegten Graben leicht zu erkennen. Alte Burgen weisen oftmals ein enormes Röhrenvolumen von über 10 m^3, eine Länge von manchmal mehreren Hundert Metern und eine große Anzahl an Kesseln und Einfahrten auf. Charakteristisch sind zudem eine ausgeprägte Fahrrinne am Röhreneingang (Geschleif) und abseitig angelegte Abtritte. Auch ausgeworfenes Polstermaterial und deutlich ausgetretene Pässe im Umfeld des Baus weisen auf sein Dasein hin.

In Friedhelms Revier fanden sich zahlreiche dieser großen und alten Burgen. Eine davon lag in der Anpflanzung unweit unserer Reviergrenze. Das Feldgehölz erweckte von außen den Anschein, einen geschlossenen Baumbestand zu haben. Dieser war aber in Wirklichkeit nur 10 bis 20 m breit und verbarg im Inneren eine große und vor allem ruhige Wiesenfläche, auf der nur der ein oder andere Obstbaum wuchs. Der Dachsbau befand sich am inneren Rand des Gehölzstreifens und besaß zahlreiche Einfahrten. Deutlich waren die ausgetretenen Pässe im hohen Gras zu erkennen. Die Eisenleiter auf der gegenüberliegenden Seite war nur etwa 30 m entfernt und bot die Möglichkeit, mit der Flinte oder der Büchse zu jagen. Erst gegen 23.00 Uhr machte ich mich bei gutem Mond und klarem Wetter auf den Weg zum Ansitz. Äußerst vorsichtig bezog ich meinen Platz auf der Leiter. Dachse sehen zwar nicht besonders gut, aber ihr Geruchs- und Gehörsinn ist hervorragend ausgeprägt. Der Wind stand mir ins Gesicht, und der hell aufgeworfene Boden der Burg war im Mondlicht gut auszumachen.

Oft erscheint der Dachs zunächst mehrfach an der Einfahrt, um zu winden und die Lage zu prüfen. Erst wenn er sich sicher genug fühlt, verlässt er den Bau. Dann bleibt aber meist genug Zeit, um einen sicheren Schuss abzugeben. Dabei muss bedacht werden, dass er ziemlich schusshart ist. Es verbietet sich also, ihn spitz von vorn oder hinten und auf der Burg oder am Röhreneingang zu beschießen. Zu groß wäre die Gefahr, dass der Kranke noch einschlieft. Schlau ist deshalb derjenige, der den Dachs mit kleinen Leckereien etwas vom Bau weglockt und erst dort in einem gut vom Mond ausgeleuchteten Bereich bejagt. Eine Breitseite mit ausreichend dimensioniertem Schrot (3,5–4,0 mm) oder einer rehwildtauglichen Kugel verträgt er nicht besonders. Wer diese Spannung am Dachsbau noch nicht erfahren hat, bleibt um den Reiz einer besonderen Jagdart ärmer.

Mein erster Dachs hatte den Bau aber längst verlassen. Ich sah ihn erst spät, als er sich mir auf einem der Pässe über die Wiese näherte. Er hatte sicherlich den Apfelbaum als Ziel, unter dem schmackhaftes Fallobst auf ihn wartete. Die Flinte hatte ich schnell angebackt, und die Schrote waren wenige Sekunden später schon aus dem Lauf. Der Dachs lag im Knall, und ich freute mich über die erste Schwarte neben den vielen Fuchsbälgen an der Wand meines Jagdzimmers. Im Jahr darauf probierte ich es erneut mehrfach mit der Flinte, musste aber oft unverrichteter Dinge wieder abbaumen, da ich ihn einfach nicht sicher genug anvisieren konnte. Der Wechsel auf die Büchse war folgerichtig und brachte mir am gleichen Bau noch einigen Erfolg. Jedes Mal waren Geduld und Disziplin gefragt, bis der Gestreifte ausreichend weit von seiner Burg entfernt war. Dass dies ein Muss ist, sollte ich erfahren, als der Beschossene es dann doch noch einmal bis in den Bau schaffte und für mich unerreichbar blieb.

Die große Population an Dachsen beeinflusst inzwischen auch unsere Baujagd. Immer wieder kommt es vor, dass er auch auf Kunstbauen oder Strohmieten liegt und sich wehrhaft den Bauhunden stellt. Der Dachs springt nicht gerne, wie jeder Bodenjäger weiß. Der Höhlenbewohner versucht immer, im Bau zu entkommen. Genau das macht ihn für den Bauhund auch so gefährlich, und deshalb ist die Baujagd auf Dachse am Naturbau in Nordrhein-Westfalen inzwischen auch zu recht verboten. Nicht etwa seine Wehrhaftigkeit, sondern das Verklüften und Hinterhergraben des Hundes stellt dabei die größte Gefahr dar. Nicht umsonst sind GPS-Ortungsgeräte, Spaten und Kurzwaffe ein absolutes Muss für jeden Bodenjäger. Von

Kunstbauen sollte man Grimbart aber möglichst durch für ihn zu kleine Öffnungen (< 20 cm Durchmesser) fernhalten, denn er macht diese für den Fuchs unbewohnbar. Der Fuchs mag keine gepolsterten Kessel oder stinkende Abtritte in den Parallelröhren. Aber das Fernhalten gelingt gerade bei schwächeren Halbstarken nicht immer, deshalb ist darauf zu achten, dass der Kessel für die Jagd immer gut erreichbar ist und Kunstbaue generell einmal im Jahr gereinigt werden.

In den mageren Jahren ist nicht nur einiges an jagdlichem Wissen über den Dachs verloren gegangen, sondern auch die vielfältigen Möglichkeiten seiner Verwertung sind nicht mehr jedem bekannt. Neben der Schwarte, dem Dachsbart aus den Rückengrannen und dem Schädel als klassische Jagdtrophäen gilt vor allem das Wildbret von Jungdachsen als absolute Delikatesse. Dachsschinken wird inzwischen wieder zu teils horrenden Preisen angeboten. Aber Achtung, vor Nutzung des Wildbrets ist unbedingt eine Trichinenbeschau notwendig bzw. gesetzlich vorgeschrieben. Auch sollte beim Zerwirken das Weiße unbedingt in Gänze entfernt werden, um einen tranigen Geschmack des Wildbrets zu vermeiden. Das Fett des Dachses kann anschließend als Schmalz in der Küche, als Lederpflegemittel oder auch als Dachssalbe verwendet werden. Dieses alte Hausmittel war früher aus keinem ländlichen Haushalt wegzudenken und wurde bei Verspannungen, Entzündungen, Erkältungen, Gelenkschmerzen oder Prellungen verwendet. Seine Inhaltsstoffe kommen denen des heutigen Cortisons nahe und haben eine entzündungshemmende und immunstärkende Wirkung. Darüber hinaus eignen sich die Dachsborsten hervorragend als Rasierpinsel, und bei Nierenwärmern und Schuheinlagen verwendet, schätzt man ihre stimulierende Wirkung. Schon Hildegard von Bingen, die große Universalgelehrte und Visionärin des 12. Jahrhunderts, wusste: „Im Dachs steckt die Kraft des Löwen."

Ich persönlich ziehe zugegebenermaßen den Schinken vom Reh dem des Dachses vor, aber trotzdem ist es wichtig, das Wissen um die Nutzung des von uns erlegten Wildes zu bewahren. Meine Dachse fanden alle den Weg zum Gerber, und vielleicht werde ich den Schinken doch noch einmal probieren.

Fallenjagd – Neu entdeckt

Im Revier Haus Pesch wurde zu Onkel Huberts Zeiten die Jagd mit der Falle intensiv und erfolgreich ausgeübt. Je seltener er jedoch ins Revier kam, umso halbherziger gingen wir hier zu Werke. Wir jagten zwar noch einige Jahre mit den Drahtkastenfallen im Park, aber die Wippbrettfallen kamen schon nach kurzer Zeit nicht mehr zum Einsatz. Die von mir und Urban nach Bestehen unserer Jagdprüfung errichtete Mäuseburg war mit mehreren Fallen versehen, hatte aber nie so richtig funktioniert und wurde nach wenigen Jahren schon nicht mehr genutzt. Der Prozess war schleichend, aber irgendwann waren die Fallen ganz aus unserem Revier verschwunden und mit ihnen verlor sich auch das Wissen, wie man erfolgreich damit jagen konnte.

Drahtkastenfallen gehören längst der Vergangenheit an
(Foto: ©Michal/stock.adobe.com)

Erst mit der Einführung des sogenannten „ökologischen Jagdgesetzes" in Nordrhein-Westfalen im Jahr 2015 wurde mir die Fallenjagd wieder richtig präsent. Innerhalb der Jägerschaft wurde darüber hitzig diskutiert. Gesetz und Durchführungsverordnung forderten inzwischen einen anerkannten Ausbildungslehrgang, der den Jäger nach erfolgreicher Absolvierung befähigte, die Fangjagd ausüben zu dürfen. Zudem wurden alle möglichen Fallenarten, insbesondere Totschlagfallen, verboten. Fortan durften mehr oder weniger nur noch selektiv fangende, vollverblendete Lebendfallen mit einem elektronischen Fangmeldesystem verwendet werden. Als im Jahr 2016 die Krefelder Fuchsfalle zum ersten Mal auf der Messe „Jagd & Hund" in Dortmund ausgestellt wurde, schienen die Hürden des Gesetzgebers auf einmal nicht mehr unüberwindbar. Die Krefelder Fuchsfalle fängt tierschutzkonform, ohne dem gefangenen Tier unter allen Umständen zu vermeidende Schmerzen, Leiden oder Schäden zuzuführen, und sie erfüllt die internationalen Fangnormen gemäß dem AIHTS-Abkommen (Agreement on International Humane Trapping Standards, deutsch: Übereinkommen über internationale humane Fangnormen).

Die Falle und ihre Entwickler begeisterten dabei von Anbeginn an. Die Technik mit ihrem bodengleichen Wippbrett im Inneren und allen anderen außen liegenden technischen Vorrichtungen verfolgt das klare und einleuchtende Konzept „Freier Gang, freier Fang". Das modulare Angebotssystem bietet Fallen vom selbstständigen Zusammenbau bis hin zur vollfunktionsfähigen fertigen Falle an, je nachdem, wie technisch versiert sich der einzelne Jäger einschätzt. Allem voran jedoch überzeugen der Konstrukteur Georg Achten und der erfahrene Niederwildjäger Thomas Vennekel mit ihrer unbändigen und ansteckenden Passion für die Fallen- und Niederwildjagd.

Es folgte im September 2017 mein Pflichtbesuch eines Fangjagdlehrgangs, und im Frühjahr darauf wurde die erste Falle in unser Revier geliefert. Jetzt musste nur noch ein passender Standort gefunden werden. Zehn Jahre jagte ich nun schon in unserer kleinen Eigenjagd rings um den Ramrather Hof und kannte längst sämtliche Wechsel, die der Fuchs gerne annahm. Im Uferrandstreifen am Gillbach hinter der Kläranlage hatte ich von der Ansitzleiter schon viele Füchse am Luderplatz erlegt. Sie kamen meist von links über das freie Feld, kontrollierten Hermanns Hühnerstall, um dann entlang des Baches zu schnüren. Kein Wirtschaftsweg, der diese ruhige Ecke des Reviers stören könnte, führte hier vorbei. So war gesichert, dass die Falle unentdeckt und vor allem vor Vandalismus geschützt blieb. Wir setzten die Falle ebenerdig auf und verblendeten sie mit ausreichend Erdreich. An den Kopfseiten deuteten wir Zwangswechsel mit Boden und Astwerk an. Doch bevor die Falle in Betrieb genommen werden konnte, musste sie zusammen mit dem Nachweis des Fangjagdlehrgangs noch bei der Unteren Jagdbehörde gemeldet werden.

2018: „Freier Gang, freier Fang!"

Bis zum Beginn der Jagdzeit des Dachses Anfang September stand die Falle offen, aber nicht fängig, als Köder verwendete ich Eier. Nicht allzu häufig kontrollierte ich die Falle in den kommenden Wochen, um den Bereich nicht unnötig zu verstänkern. Mal war das angebotene Ei weg, mal lag es über viele Tage unberührt auf dem Wippbrett. Etwas Unsicherheit machte sich breit, ob ich auch wirklich eine passende Stelle ausgewählt hatte. Der Monatserste gab den Startschuss, um dies in der Praxis zu testen. Die Arretierung wurde gelöst, und mit Spannung wartete ich auf die erste Erfolgsmeldung. Keine Woche dauerte es, bis der Fallenmelder MinkPolice den ersten Fang auf mein Mobiltelefon sendete. Ein wenig aufgeregt machte ich mich schon frühmorgens mit Abfangkorb, Teleskopschieber und Kleinkaliber auf den Weg. Die Routine an der zugeschlagenen Falle fehlte noch etwas, aber nach ein paar Minuten saß der erste Fang im Korb. Es war die Katze vom Nachbarhof, die ich, nachdem ich ihr deutlich ins Gewissen geredet hatte, laufen ließ. Der zweite Fang ließ einen weiteren Monat auf sich warten. Der Schieber ließ sich dieses Mal nicht so leicht in die Röhre einführen. Irgendetwas hielt zum Ende hin kräftig dagegen. Ich musste schon einigen Schwung und viel Kraft aufwenden, um den Fang in den Abfangkorb zu befördern. Es war ein Dachs, mein erster im Revier. Ein starker Rüde, der kaum in den Korb passte. Offensichtlich hatte er den Rest der Nacht schlafend in der Betonröhre verbracht und saß nun völlig ruhig und etwas benommen im Drahtkorb. Mit einem Kopfschuss tat ich ihn schnell und sauber ab.

Ganze fünf Dachse und einen Steinmarder sollte ich im ersten Jahr fangen. Das war schon enorm und wäre vom Ansitz aus niemals zu erreichen gewesen. Es untermauerte auch die Erfahrungen von Jägern aus anderen Revieren, die intensiv mit Fallen fingen und so bis zu 80 % ihrer Gesamtraubwildstrecke erlegten. Der Fang eines Fuchses wollte aber partout nicht gelingen. Vielleicht passte der Köder nicht, obwohl ich diesen mehrfach wechselte. Mal bot ich ein Ei mit der Paste „Wildmagnet“ an, mal Frolic oder in der kälteren Jahreszeit auch mal einige Luderbrocken. Aber der Fuchs wollte nicht so, wie ich es mir erhofft hatte. Vielleicht lag es auch daran, dass die entsprechende Witterung in der Falle fehlte. Nach Aussage des Herstellers funktionierten die Fallen am besten, wenn im laufenden Jahr schon einmal ein Fang gelungen war. Beim Hundefutter tat sich zudem regelmäßig das Problem auf, dass sich Mäuse und Ratten gütlich daran taten und der Köder nach ein paar Tagen verschwunden war. So teste ich nach wie vor, welcher Köder wohl der passende ist. Beim Fuchs scheinen dies Räucherfisch, Gescheide, Hühnerköpfe, Frolic und Leberwurst zu sein. Der Dachs bevorzugt hauptsächlich Räucherfisch und Leberwurst, wohingegen der Marder auf Eier, Trockenobst und ebenfalls Leberwurst zu stehen scheint. Als Fehlfänge stellten sich regelmäßig Katzen und Kaninchen ein. Mancher Haustiger dabei sogar mehrfach, und das ein oder andere Mal hatte ich das Gefühl, dass sie mich auslachten, wenn sie nach kurzer Flucht anhielten und zu mir zurückblickten.

2018: Die richtige Ausrüstung hilft

Da der Ort der Falle unmittelbar an eine unserer Ackerflächen grenzte, passierte einige Jahre später das wohl Unvermeidbare. Die Falle war über das Frühjahr und den Sommer so zugewachsen, dass man sie kaum noch erkennen konnte. Und so sah sie auch der Schlepperfahrer nicht, der beim Ziehen von Mäusegräben rings um unsere Möhrenparzelle mit der Fräse rückwärts setzte und dabei über die Falle fuhr. Trotz der Abdeckung mit Erdreich war die gesamte Mechanik verzogen und musste erneuert werden. Bis wir die Falle ausgebaut, repariert und wieder eingebaut hatten, verging eine ganze Fangsaison. Natürlich war es mein Fehler, da ich die Falle und im Besonderen den Zwangswechsel nicht stetig gepflegt hatte. Dies ist aber dringend geboten, möchte man derartige Unachtsamkeiten vermeiden und das Raubwild über das ganze Jahr hinweg an Pass und Betonrohr gewöhnen.

Zusammen frettieren

In den ersten, noch winterlichen Monaten des neuen Jahres ließen die Jagdmöglichkeiten langsam nach. Natürlich wurde noch dem Fuchs am Luderplatz oder mit dem Ranzbeller nachgestellt, hier und da noch einmal am Lockbild auf Rabenkrähen oder unter den Schlafbäumen auf Ringeltauben gejagt, aber ansonsten wurde es jagdlich ruhiger im Niederwildrevier. Aber einem Highlight fieberte ich in der kalten Jahreszeit immer noch entgegen: dem Frettieren auf Kaninchen bei meinem Nachbarn Friedhelm. Zusammen mit seinem Jagdaufseher und Frettchenführer Franz-Josef sowie unserem Jagdfreund Charly waren wir inzwischen ein eingespieltes Team.

Unverzichtbare Helfer (Foto: ©JMP de Nieuwburgh/stock.adobe.com)

„Frettchen im Bau!“ Franz-Josefs Worte ließen die Anspannung wachsen. Aus welchem Loch würde der graue Flitzer springen, oder hatten wir gar eines der Fluchtlöcher übersehen? Reichte das kleine, sichere Schussfenster, um einen erfolgreichen Schuss hinzuwerfen? Kaum eine andere Jagdart war aufregender als das Frettieren auf Kaninchen. Kaum eine Jagdart forderte so schnelles und präzises Schießen. Und kaum eine Jagdart war so davon abhängig, dass ein eingespieltes Team gemeinsam zu Werke ging.

Viele Jahre in Folge trafen wir uns um die Mittagszeit am Pflaumenbaum, um von dort von Bau zu Bau zu ziehen. Aber leider müssen wir inzwischen von Jahr zu Jahr entscheiden, ob eine Bejagung der Kaninchen überhaupt notwendig und auch sinnvoll ist. Vielerorts sind die Beständer längst gezwungen, eine Tierart bewusst zu schonen, die wie keine andere von menschengemachten Krankheiten gebeutelt wird. Die nackten Zahlen sprechen auch hier Bände. Wurden im Jagdjahr 1976/77 in Nordrhein-Westfalen noch 685.000 Kaninchen erlegt, so waren es 2020/21 nur noch 33.400 Exemplare (inklusive 22 % Fallwild). Hier hat der Gesetzgeber reagiert, er begrenzt die Jagdzeit auf adulte Tiere auf die Monate November bis Februar. Dies ist längst nicht in allen Bundesländern der Fall.

Friedhelm und Franz-Josef hatten die Baue im Vorfeld freigeschnitten, damit im Dornendickicht auch alle Löcher zugänglich waren, um das Frettchen auf den Bau zu setzen und es nach getaner Arbeit auch wieder aufnehmen zu können. Die Positionen rund um den Bau bedurften inzwischen keiner großen Absprache mehr. Kurz noch die freien Schusswinkel genau einprägen, und schon konnte Franz-Josef einen seiner vierbeinigen Helfer auf den Bau setzen. Zeigte das erfahrene Frettchen kein Interesse, folgte schnell das „Keiner zu Hause!“, und schon steuerten wir den nächsten Bau an. Unvergessen bleiben meine Dublette am verwilderten Garten hinter dem Gillbach und auch die vier Kaninchen innerhalb von fünf Minuten oberhalb des Sportplatzes. Lebendig in der Erinnerung ist aber auch das gesellige Beisammensein nach der Jagd draußen im Revier. Bei dem ein oder anderen Obstler ließen wir den Jagdtag Revue passieren und freuten uns schon auf die nächste gemeinsame Jagd.

Jetzt heißt es flink sein (Foto: ©Oberce/stock.adobe.com)

Natürlich haben fortschreitende Lebensraumverluste, geringeres Nahrungsangebot, nasses Wetter im Frühjahr und Prädation einen gewissen Einfluss auf die Größe einer Population, aber entscheidend für den Rückgang unserer Kaninchenbesätze sind diese Gründe nicht. Hier spielen vielmehr verheerende Krankheitszüge eine entscheidende Rolle. Zum einen ist dies die Myxomatose (ausgelöst durch einen Pockenvirus), die 1952 von Südamerika nach Frankreich importiert wurde und sich von dort aus europaweit ausbreiten konnte. Zum anderen sind es die Chinaseuche (Rabbit Haemorrhagic Disease, kurz RHD) seit 1994 und die neue Virusvariante der Chinaseuche (RHDV-2) seit 2010, die unsere Bestände immer wieder dahinraffen. Viruserkrankungen, derer sich der Mensch bedient und sie zur Bekämpfung der Kaninchenplage in Australien genutzt hat. Die Folgen dieser Praktik sind weltweit längst außer Kontrolle geraten, was zeigt, wie unverantwortlich der Mensch hier in die Natur eingegriffen hat.

Die Myxomatose wird meist über blutsaugende Insekten übertragen. Jungkaninchen sind dabei anfälliger als Altkaninchen. Meist tritt der Tod nach etwa 13 Tagen ein. Der Höhepunkt der Krankheit liegt im Spätsommer. Vielerorts wird inzwischen eine Abschwächung der Virusstämme beobachtet, woraus vielfach eine Resistenz mit lebenslanger Immunität resultiert. An Myxomatose erkrankte Kaninchen sind jedoch anfälliger für die Chinaseuche. Hier hat sich die neue Variante der Chinaseuche (RHDV-2) längst gegenüber der ursprüngliche Chinaseuche (RHD) als Krankheit durchgesetzt, RHDV-2 gilt als unberechenbar und extrem aggressiv. Befiel die klassische RHD nur Kaninchen, die älter als sieben bis zehn Wochen sind, so infizieren sich mit RHDV-2 auch sehr junge Kaninchen und sogar der Feldhase. In Abhängigkeit von Immunstatus, Alter und Konstitution des Kaninchens weist RHDV-2 eine Mortalitätsrate von bis zu 90 % auf. Die Krankheit verbreitet sich vorwiegend über den direkten Kontakt der Tiere untereinander, aber auch über Gegenstände und verunreinigtes Futter. Das Virus ist äußerst stabil und bleibt über mehrere Monate infektiös. Zudem hat es inzwischen einen außergewöhnlichen und auch gefährlichen Artensprung von den Hasenartigen hin zum Dachs geschafft. Dieser erkrankt zwar nicht, steuert aber seinen Teil an der Verbreitung des Virus bei. Die Krankheit verläuft meist schnell und akut, selten chronisch und führt innerhalb von 24 Stunden zum Tod. Der Höhepunkt der Krankheit liegt im Herbst. Selten gehen dabei Kaninchen im Bau ein, eher verenden sie oberirdisch. Dennoch findet man sie selten, da Fuchs, Rabenkrähe und Co ihrer Aufgabe als „Saubermacher" in der Natur konsequent nachgehen. Immer wieder findet man aber auch noch vereinzelt gesunde Inselpopulationen. Kaninchen haben einen mit durchschnittlich 35 m sehr begrenzten Aktionsradius rings um ihren Bau und zeigen folglich ein geringes Ausbreitungsverhalten. Solange das Virus also nicht von außen eingeschleppt wird, können diese lokalen Populationen ungestört überleben. Ist das Virus jedoch einmal vor Ort, drohen solch isolierte Vorkommen schnell auszusterben.

Natürlich helfen Hegemaßnahmen wie das Anlegen von geeigneten Ha-

Auch das Frettchen kann die Chinaseuche übertragen
(Foto: ©Scott/stock.adobe.com)

bitaten und ein konsequentes Prädatorenmanagement, aber lange nicht so nachhaltig wie bei anderen Wildarten. Bei den Kaninchen müssen wir Jäger vielmehr deren Biologie und die Merkmale der genannten Krankheiten im Blick haben. Dabei sind vor allem Hygienemaßnahmen von entscheidender Bedeutung. Ziel muss es sein, den Erreger nicht von einem ins andere Revier zu tragen. Nicht durch die Nutzung von Schleppwild aus unbekannten Quellen, nicht durch den Einsatz von Frettchen, mit denen zuvor in infizierten Revieren gejagt wurde, und auch nicht durch die Verwendung verendeter Kaninchen als Fallwild auf dem Luderplatz.

Eingegangene Kaninchen sollten vielmehr möglichst zur Untersuchung eingeschickt werden, um das Ausmaß der Krankheit zu dokumentieren. Dann kann sich auch die Bejagung in betroffenen Revieren den jeweiligen Verhältnissen anpassen. Hat sich eine instabile Kolonie infiziert und geht gar in der Landwirtschaft zu Schaden, dürfen konsequent nur Jungkaninchen geschossen werden. Der in dieser Phase häufig zu hörende Spruch „Jedes Kaninchen ist ein Jungkaninchen" sollte der Vergangenheit angehören, will man nicht Gefahr laufen, eine ganze Sippschaft auszurotten. Ist der Bestand schon an einer kritischen Grenze angelangt, hilft nur die Minderung des Jagddrucks oder sogar ein gänzlicher Jagdverzicht, bis sich dieser wieder erholt hat. In Spanien und Frankreich geht man inzwischen sogar noch weiter. Dort werden jährlich 500.000 geimpfte Kaninchen ausgesetzt, um die Bestände zu stabilisieren. In Deutschland ist das Aussetzen gemäß Bundesjagdgesetz verboten. Es fragt sich nur, wie lange noch.

Nordrhein-Westfalen gilt nach wie vor als Hochburg der Kaninchenvorkommen in Deutschland. Aber auch hier sind die Jagdstrecken besorgniserregend zurückgegangen. Sogar dramatischer als bei vielen anderen Wildarten wie etwa dem Feldhasen. Dieser wird schon seit Jahren in Nordrhein-Westfalen auf der Roten Liste in der sogenannten Vorwarnliste für Arten, die merklich zurückgegangen, aber aktuell noch nicht gefährdet sind, geführt. Aber um das Kaninchen scheint sich niemand zu scheren. Vielleicht liegt es an den Erinnerungen an vergangene Zeiten, in denen die Kaninchen als Plagegeister enorme Schäden in Land- und Forstwirtschaft verursacht haben? Oder an der beachtlichen Vermehrungsrate, die uns glauben macht, dass Bestandsrückgänge dadurch ausgeglichen würden? Wie auch immer, wir Jäger haben allemal die gesetzliche Verpflichtung zur Hege eines artenreichen und gesunden Wildbestandes, und das gilt auch für das Kaninchen!

Endlich wieder eine Hasentreibjagd!

Schon im Jagdjahr 2021/22 hatten sich die Hasenbesätze im Revier rings um den Ramrather Hof und in den beiden Nachbarrevieren Hoeningen und Vronoverhof sichtlich erholt. Die Zählergebnisse im Herbst 2022 waren dennoch für uns Beständer überraschend. Auf einer Fläche von etwa 800 ha konnten mittels Wärmebildkamera über 600 Hasen gezählt werden. Friedhelm mit Sohn Frank, Charly mit Sohn Reinhard und ich diskutierten die Ergebnisse eingehend, stellten Berechnungen an und entschieden uns letztlich, gemeinsam eine Treibjagd mit einer begrenzten Anzahl an Schützen für Anfang Dezember anzusetzen. Unter Berücksichtigung des Korrekturwertes zwischen Wärmebildzählung und Scheinwerfertaxation (abzüglich 30 %) und der natürlichen Wintermortalität (abzüglich 15 %) sowie eines Zielbestandes von 40 Hasen je 100 ha im Frühjahr 2023 wurde eine Strecke von mindestens 40, jedoch maximal 80 Hasen ins Auge gefasst. Der Restbestand sollte dann in der Lage sein, auch bei normalem Zuwachs einen weiterhin leicht ansteigenden Besatz im darauffolgenden Jagdjahr sicherzustellen.

2022: Strecke Treibjagd Hoeningen, Vronoverhof und Ramrather Hof

Mit 24 Schützen und einer stattlichen Treiberwehr wurden sieben Standtreiben unterschiedlicher Größe auf einer Gesamtfläche von gut 200 ha durchgeführt. Dabei sparten wir bewusst große Gründüngungsparzellen aus und konzentrierten uns auf mehr oder minder freie, für den Hasen attraktive Ackerflächen. Erinnerungen an alte Zeiten wurden wach, wenn sich Pulks von Hasen in der Mitte der Treiben sammelten und Ausschau nach dem besten Fluchtweg hielten. Viele fanden diesen unbeschossen in den zu Anfang der Treiben großen Lücken zwischen Treiberwehr und Standschützen. Andere kamen den Schützen passend und wurden erlegt. Am Abend standen wir vor einer mit 70 Hasen und sechs Fasanenhähnen stattlichen und so auch erwünschten Strecke.

Anlässlich eines Vortrages über „Wildkrankheiten beim Niederwild" hatten wir mit der Forschungsstelle für Jagdkunde und Wildschadenverhütung mit Sitz in Bonn vereinbart, dass zukünftig einmal eine größere Hasenstrecke beprobt und auf Krankheiten untersucht werden sollte. So passte diese Hasentreibjagd gut in das Konzept der Veterinärmedizinerin Frau Dr. Luisa Fischer, die mit ihrer Kollegin parallel zur Jagd die entsprechenden Untersuchungen vornahm. Ab Mittag wurden Geschlecht, Gewicht und Alter der erlegten Hasen bestimmt sowie Proben für die Untersuchungen auf Hasenpest (Tularämie), EBHS (European Brown Hare Syndrome), Chinaseuche (RHDV-2) und Hasensyphilis (Hasenbrucellose) genommen. Die Gesamtstrecke verteilte sich mit 34 männlichen und 36 weiblichen Hasen fast genau hälftig auf die beiden Geschlechter. Ein positives Ergebnis, wenn man abschöpfen und dabei nicht zu stark bei den weiblichen Zuwachsträgern eingreifen möchte. Mit 29 Hasen bzw. 40 % an der Strecke war der Anteil an Junghasen (positiv für Stroh'sches Zeichen) auffällig hoch und wies auf einen gesunden Hasenbestand mit ausreichend Nachwuchs hin. Auch die Durchschnittsgewichte mit 3,25 kg bei Junghasen und 3,70 kg bei Althasen lagen in einem guten und normalen Bereich.

Die Ergebnisse der Untersuchungen auf Krankheiten wurden von uns mit Spannung erwartet. Alle Feldhasen wurden dabei negativ auf Hasenpest und EBHS untersucht. Ein positives Ergebnis insbesondere mit Blick auf die Hasenpest, eine bakterielle Krankheit, die in den vergangenen Jahren immer häufiger auftritt. Sie verursacht eine hohe Mortalität bei infizierten Feldhasen und ist zudem auf den Menschen übertragbar. Die durch Viren verursachte Krankheit EBHS kann zwar ebenfalls akute und tödliche Verläufe nach sich ziehen, ist aber weit weniger gefährlich. In größeren Hasenpopulationen ist sogar eine gewisse Neigung zur Ausbildung einer Immunität festzustellen, insbesondere dann, wenn sich Junghasen bis zu einem Alter von zwei bis drei Monaten infizieren und eine sogenannte Junghasenresistenz ausbilden. Bei der zweiten wichtigen Viruserkrankung, der neuen Variante der Chinaseuche (RHDV-2), wies die Strecke dann allerdings schon eine positive Poolprobe (ein Pool = sechs Hasen) auf. Diese neue Variante des Chinaseuche-Virus kann neben Kaninchen auch Feldhasen befallen und führt in der Regel zum Tod der erkrankten Tiere. Da zwei Treiben in der Nähe von Kaninchenhabitaten durchgeführt wurden, erklärte sich ein möglicher Kontakt der Hasen mit dem Virus und deren Infektion. Erstaunlicherweise wies jedoch keiner der Feldhasen aus dem Pool Krankheitssymptome oder typische Veränderungen an der Leber auf. Vielleicht hatte sich hier inzwischen ein gewisser Gewöhnungseffekt eingestellt, bzw. infizierte Feldhasen waren in der Lage, eine Resistenz gegen das Virus auszubilden. Die Bestätigung hierfür blieb zunächst offen, wäre aber äußerst wünschenswert.

Kurz vor Weihnachten führten wir nochmals eine Zählung durch und lagen im Ergebnis kaum unter den Zahlen von vor der Jagd. Die durchgeführte Treibjagd hatte also keinen negativen Einfluss auf unseren Hasenbestand. Vielmehr hatte sich in den vergangenen Jahren in den drei Revieren ein stabiler, gesunder und für eine Bejagung ausreichend großer Hasenbesatz entwickelt. Kommen dem nicht schlechtes Wetter während der nächsten Aufzuchtperiode oder unerwartete Krankheitszüge in die Quere, werden wir auch im kommenden Herbst mit Sicherheit wieder erfolgreich auf den Hasen jagen können.

Im Ausland auf Niederwild

Seit über 30 Jahren jage ich nun schon im Ausland. Begonnen hat alles mit einer Gamsjagd in den österreichischen Alpen, die mir meine Eltern zum Abitur geschenkt hatten. Einige Jahre später durfte ich zum ersten Mal meinen guten Jagdfreund Josef zu einer Drückjagd auf Sauen und Rotwild nach Polen begleiten. Die Jagd mit dem Repetierer schien mir zu liegen, und gesellig war unsere Jagd allemal. Drückjagden im Ausland sind im Gegensatz zu den hiesigen großen, revierübergreifenden Bewegungsjagden meist auf mehrere Treiben aufgeteilt. Mindestens zwei, manchmal sogar bis zu zehn Treiben am Tag lassen die Gruppe häufig zusammenkommen und ermöglichen so einen regen Austausch untereinander, ähnlich wie nach einem guten Hasentreiben auf dem Schützenwagen. Jahr für Jahr packe ich inzwischen meine Koffer, um mit guten Freunden in Osteuropa Schwarzwild, Hirsch und Reh nachzustellen. Einige dieser Jagdreisen sind in meinem 2022 erschienenen Buch „Jagd-Reisefieber" beschrieben. Dabei sind die Geschichten und Episoden vor allem vom gemeinsamen Jagen und Erleben geprägt. Gemeinsam frühstücken, oft wortkarg und durchdrungen von der Spannung, die vor dem anstehenden Jagdtag förmlich in der Luft zu liegen scheint. Die Begrüßung der örtlichen Jäger und Treiber, die Ansprache des Jagdleiters und endlich das erlösende „Aufbruch zur Jagd". Zwischen den Treiben das herzliche Weidmannsheil für die Schützen mit dem Bruch am Hut, der Trost für diejenigen, die aus welchen Gründen auch immer gefehlt haben. Nach der Jagd die feierlichen Hornsignale an der Strecke und als Abschluss das ausgelassene Schüsseltreiben mit der Ehrung des Jagdkönigs. Auf den ersten Blick unterscheidet sich dies von den großen Hasentreibjagden vergangener Tage nur wenig, aber auf den zweiten ist es doch völlig anders. Es fehlt das Arbeiten mit unseren Hunden, das Buschieren, Vorstehen und gehorsame Apportieren. Es fehlt der Blickkontakt zum anderen Ende des Treibens, das Achten auf die passenden Abstände zu den direkten Nachbarn, das Sichaufregen bei bewusst oder unbewusst entstandenen „Säcken" in der Schützenkette oder das Halten der Linie und immer wieder Neuausrichten der Treiberwehr. Es fehlen die Hornsignale, die alle Teilnehmer anleiten und zum Gelingen der Jagd notwendig sind. Oder wer kennt schon noch die Signale „Aufmunterung zum Treiben" oder „Treiber in den Kessel"? Es fehlt der geschärfte Blick, der den Hasen in der Sasse entdeckt oder den Fuchs in der Gründüngung laufen sieht. Es fehlt die Spannung, welche Richtung der aus der Sasse getretene Hase wohl einschlagen wird, und es fehlt das Staunen über die Dublette des Nachbarn mit zwei über Kopf gehenden Hasen. Viele meiner Drückjagdfreunde sind wie ich mit der Niederwildjagd aufgewachsen, und viele hegen und jagen immer noch in ihren reinen Feldrevieren. Ab und an piddeln wir dort zusammen auf Fasanen, umstellen im Revier meines guten Jagdfreundes und Organisators unserer

Drückjagdgruppe Klaus das kleine Waldstück namens „Rott“ und erlegen dann den ein oder anderen Fuchs. Da noch ein gemeinsamer Entenstrich und dort mit einer Handvoll Schützen eine Krähenjagd an den Schlafbäumen der schwarzen Gesellen. Aber unterm Strich gehen wir heute viel zu selten unserer gemeinsamen Passion, der Niederwildjagd, nach. Jeder meiner Freunde würde, ohne nachzudenken, die Flinte aus dem Waffenschrank nehmen, den Repetierer Repetierer sein lassen und eine gute Niederwildjagd einer Drückjagd vorziehen. Aber leider werden wir aufgrund sinkender Niederwildbesätze vielerorts kaum noch vor die Wahl gestellt.

Nur wenige deutsche Reviere bilden hier eine Ausnahme. Auch wenn sich aufgrund intensiver Hegebemühungen und günstiger Witterungsverhältnisse die Situation in dem ein oder anderen Revier verbessert, verliert die Niederwildjagd zunehmend an Stellenwert, und dies nicht nur unter uns Jägern, sondern auch bei der nicht jagenden Landbevölkerung. Schaut man über unsere westliche Landesgrenze nach Holland, sieht man mit Schrecken, wo dies enden kann. Die Jagd verboten, das Niederwild weitestgehend verschwunden und dort, wo es noch vorkommt, mit immensen Schäden in der Landwirtschaft. Aber in einigen europäischen Ländern ist dies glücklicherweise noch völlig anders. Das stilvolle schottische Small Game auf Grouse, Fasanen und Rebhühner, die spektakulären Entenjagden in der böhmischen Seenplatte, das Buschieren mit Vorstehhunden auf Fasanen in den slowenischen Feldern, die Jagd auf die pfeilschnellen Rothühner in Spanien oder die Hasentreibjagden bei Schnee in Rumänien. Überall dort leben und arbeiten Menschen für die Jagd, oft hauptberuflich wie die schottischen Gamekeeper oder die vielen Berufsjäger Osteuropas, zumindest aber mit viel Enthusiasmus, wie etwa die Mitglieder der Jagdvereine in Tschechien, Polen oder Rumänien. Und sie sind nicht nur wegen ihrer wichtigen Wirtschaftsleistung in den ländlichen und meist ärmeren Regionen, sondern gerade wegen ihrer Leidenschaft anerkannt und geschätzt in der Bevölkerung. Sie schaffen und erhalten Biotope, stellen konsequent den Prädatoren nach, jagen nachhaltig, füllen aber auch immer wieder die Bestände aus Nachzuchten auf. Geschieht dies maßvoll und mit Sachverstand, ohne dass die Jagd zum reinen Abknallen halbzahmer Tiere verkommt, ist dies ohne Frage legitim.

Die von Kindesbeinen an gewachsene Liebe zur Niederwildjagd und die Sehnsucht nach all den spannenden Momenten bei der Jagd auf das niedere Wild ließen mich in den vergangenen Jahren mehrfach in Begleitung guter Freunde und unserer Hunde zur Jagd auf Fasanen, Rebhühner und Enten ins Ausland fahren. In allen Fällen sind wir dort auf Jäger gestoßen, die ihr Handwerk verstehen und sich mit Leib und Seele der Niederwildjagd verschrieben haben. Sie hatten Freude daran, mit uns zu jagen, und wir waren glücklich, gemeinsam mit ihnen unserer Passion nachgehen zu dürfen.

High Birds – Schottland

Bei unseren gemeinsamen Bockjagden in Schottland hatten Christian, mein guter Jagdfreund vom benachbarten Bongarderhof und Vorstandskollege im Hegering, und ich mehrfach unzählige Fasanengesperre auf Wiesen und Getreideäckern beobachtet, die Rebhuhnpaare am Wegesrand gezählt und von Weitem das Birkwild gesichtet. Zwei oder drei Tage am Stück noch einmal so richtig aus dem Vollen schöpfen, das war unser Ansporn, und so stellten wir für den Herbst 2018 und schließlich auch für das Folgejahr 2019 eine Flintengruppe zusammen, um in dieser imposanten und urtypischen Landschaft, die so typisch ist für Schottland, auf Niederwild zu jagen. Durch die Bank schlossen sich uns Landwirtssöhne mit Niederwildvergangenheit an. Besonders habe ich mich darüber gefreut, dass sich auch Klaus zu uns gesellte, hatten wir doch lange nach Einstellen größerer Treibjagden in den Nachbarrevieren auf den Flächen eines Demeter-Bio-Betriebes in seinem Revier noch erfolgreich auf Hasen gejagt und schöne Stunden miteinander verbracht. Auch meine Frau Ulla war sogleich Feuer und Flamme. Das wäre die ideale Gelegenheit, unsere beiden Labradorhündinnen intensiv auf ihre Kosten kommen zu lassen. Ein EU-Heimtierausweis, eine gültige Tollwutimpfung, eine aktuelle Bandwurmbehandlung und ein Mikrochip waren die einzigen Voraussetzungen, die unsere Hunde im Vorfeld erfüllen mussten. Zwei Hunde im Gepäck veranlassten uns, anders als gewohnt, vom Flugzeug auf die Fähre als Reisemittel zu wechseln. Auf dieser war es kein Problem, einen ausreichend großen Zwinger für die beiden Vierbeiner zu buchen, und gemeinsam würden sie die lange Schiffsfahrt schon gut überstehen.

Wir wählten die Route Rotterdam–Hull, die von P&O Ferries täglich angeboten wird. Von Hull aus hatten wir allerdings noch eine Autofahrt von siebeneinhalb Stunden zu bewältigen. Alter-

2018: Fähre Rotterdam–Hull

nativ hätten wir auch die Fähre nach Newcastle mit einer kürzeren Wegstrecke zum Zielort Inverness nehmen können, aber die Abfahrtszeiten nach Hull lagen für uns in den Abendstunden erheblich günstiger. So setzten wir uns mit einem Neunsitzer-Kleinbus entspannt am Nachmittag in Bewegung, um rechtzeitig vor Abreise um 21.00 Uhr am Europoort in Rotterdam einzuchecken.

Leider wurde unsere ältere Hündin kurz vor der Reise läufig, und da unser Gastgeber David inzwischen einen BGS-Rüden besaß, mussten wir sie schweren Herzens zu Hause lassen. David hatte für uns im ersten Jahr ein Mixed Game Shooting organisiert. Neben zwei Tagen Niederwildjagd war für Ulla ein Hirschabschuss in den Highlands vorgesehen, und Stefan, unser Jagdfreund und Begleiter aus Fliesteden, war nicht abgeneigt, einem Sikahirsch in Davids Revier nachzustellen. Zur Flintenjagd, Ansitzjagd und Pirsch benötigt man natürlich etwas unterschiedliche Ausrüstungen, und so war der Kleinbus trotz des Ausbaus der hinteren Sitzbank bis unters Dach mit Hundebox, Flinten und sonstigem Jagdgepäck gefüllt.

2018: Gassi gehen auf der Fähre

Am Europoort bestätigten wir ohne Probleme unsere Reservierungen nebst Waffen und Hund und erhielten unsere Stellplatz- und Kabinennummern. Der Hundezwinger befand sich unweit unserer Parkfläche, und nachdem wir das Nötigste für die Nacht zusammengerafft hatten, gaben wir mit etwas Unbehagen den Hund dort ab. Ulla blieb noch einige Zeit bei Kira, um sie mit der ungewohnten Umgebung vertraut zu machen, denn erst gegen 22.00 Uhr durften die Hundebesitzer noch einmal im Zwinger vorbeischauen, um den Tieren ein wenig Auslauf zu bieten. Der hierfür vorgesehene Raum war jedoch sehr gewöhnungsbedürftig. Die Plastikbäumchen und der grün eingefärbte Boden waren schon etwas skurril, und kaum ein Hund war gewillt, an diesem Ort sein Geschäft zu verrichten. Aber Kira meisterte die Situation gelassener als gedacht und freute sich am kommenden Morgen wie gewohnt über unser Wiedersehen.

Ein wenig Verwirrung gab es beim Einchecken an der Rezeption. Aufgrund einer Namensverwechslung erhielten wir zunächst zu kleine Kabinen und mussten mehrfach vorstellig werden, um endlich passend unterzukommen. Ein wenig brauchte man schon, um sich auf der riesigen Fähre zurechtzufinden. Die unteren drei Decks waren den Lkw- und Pkw-Stellplätzen vorbehalten. Darüber folgten drei weitere Decks mit stolzen 546 Kabinen für die Passagiere. Zudem fand man auf den Kabinendecks mit mehreren Restaurants, Bars, Show Lounge mit Bühne und Tanzfläche, Casino, Kino, Spielbereichen für die Kleinen und Großen, Cafés und Duty-free-Shops alles, was sich die teils reichlich vergnügungssüchtigen Gäste erhofften. Unverkennbar waren die vielen Gruppen, die sich zum Junggesellenabschied, zur Geburtstagsfeier oder zu anderen Anlässen auf der Fähre einfanden. Eine ausgelassene Nacht auf See, ein Tag am Zielhafen in Rotterdam oder Hull und abends wieder nach Hause. So oder ähnlich war ihr Plan. Wir ließen es mit ein paar Bier an der Bar und einem guten Essen in einem der besseren Restaurants eher ruhig angehen. Zu späterer Stunde stürzten wir uns dann aber doch noch ins feuchtfröhliche Getümmel. Die männlichen und weiblichen Reisetrupps hatten sich längst vermischt, und es wurde ausgelassen gefeiert. An einen ausgiebigen und tiefen Schlaf war nicht zu denken, dazu trug nicht nur der Alkohol, sondern auch die stickige Luft in den Kabinen ein Übriges bei. Die Wecksirene am frühen Morgen war dann eher eine Erlösung als eine Qual. Rechnet man die lange Autofahrt von und nach Hull hinzu, muss man bei einer Reise mit der Fähre zwei zusätzliche Tage einplanen. Dies war der Gruppe im Jahr darauf dann auch zu zeitaufwendig, und so ließen wir unsere Hunde mit ein wenig Wehmut zu Hause und reisten im Sinne der anderen bequem mit dem Flugzeug an. Trotz alledem vereinbarten Christian und ich, dass wir irgendwann noch einmal die Fähre wählen würden. Dafür war die Fahrt einfach zu besonders und irgendwie auch bodenständiger als mit dem Flugzeug.

Zielsicher steuerte Christian The House of Bruar etwas nördlich von Pitlochry an. Es gilt als Tor zu den Highlands und lud zu einem letzten Zwischenstopp vor Erreichen unseres Ziels ein. Im Stil eines Outlet Stores bietet die Anlage alles, was das Thema „Country Living“ zu bieten hat. Ein wenig in der Barbour-Abteilung der Herrenbekleidungshalle gestöbert, ein rustikaler Snack, ein kühles Bier, und schon ging es wieder auf die A9 Richtung Inverness. Am späten Nachmittag erreichten wir unser Ziel, das Haus unserer Gastgeber David und Deirdre. Das kleine Bed & Breakfast Hotel liegt auf einem großen Grundstück oberhalb von Inverness. Von der Terrasse aus hat man einen atemberaubenden Blick über die Stadt und auf die

Highlands im Hintergrund. David verfügt über exzellente Kontakte zu vielen Revieren in der Umgebung und organisiert schon seit Jahren Jagdgelegenheiten für seine Bekannten. Er hat zudem meist zwei oder drei kleinere stadtnahe Reviere gepachtet und jagt dort selbst und mit seinen Gästen auf Reh- und Sikawild. So ist das B&B im Herbst meist von Jägern und im Sommer von sonstigen Touristen belegt. Zu den meisten seiner jagenden Gäste pflegt er ein freundschaftliches Verhältnis und lebt von der Mund-zu-Mund-Propaganda. Ich traf ihn Jahr für Jahr auf der Drückjagd bei Hermann und Christian. Zusammen mit seiner Frau Deirdre besuchte er im Dezember seine deutschen und österreichischen Jagdfreunde, nahm an der ein oder anderen Jagd teil und deckte sich mit gutem Wein ein. Herzlicher hätte seine Begrüßung nicht ausfallen können. Wohlige Wärme und Gemütlichkeit schlug uns entgegen, als wir das Haus betraten. Die offene Küche und der Wohnraum waren bis zum First offen und wurden von einem gusseisernen Kanonenofen gewärmt. Ein langer Holztisch vor dem Retro-Gasherd, einladende Sofas mit dicken Kissen, an den Wänden edle Jagdszenen, das Regal mit Davids Whiskey-Sammlung und von überall dieser traumhafte Blick über Inverness. Schöner und stilvoller hätten Fotos in den einschlägigen Zeitschriften „Country Homes", „Country Style" oder „Country Living" nicht sein können. Es dauerte nicht lange und der kleine Schotte hatte allen zur Begrüßung einen guten Whiskey serviert. Eine kurze Einweisung, wie dieser am besten zu genießen sei, und schon standen wir mit den Gläsern in der Hand in seinem Trophäenraum. Bis unters Dach waren die Wände vollgepackt, und zu jedem der Gehörne und Geweihe konnte er eine Geschichte erzählen. Wir genossen Deirdres Kochkünste und schmiedeten Pläne für die kommenden Tage.

2018: BGS-Rüde Pavo und Labradorhündin Kira

Pavo, der BGS-Rüde von David, war hin und weg und von Beginn an unendlich verliebt in unsere Hündin Kira. Die beiden machten den großen Garten unserer Gastgeber unsicher, und Kira bemühte sich vergeblich,

Pavo zum Schwimmen im Ententeich zu bewegen. Pavo war in Davids Augen der beste Schweißhund Schottlands. Was die Nase anbetrifft, lag er vielleicht gar nicht so falsch, bescherte ihm der Hund doch viele erfolgreich ausgearbeitete Totsuchen. Wurde es jedoch kniffliger, so fehlte es dem Gespann an der notwendigen Übung, Erfahrung und auch Ruhe.

Wir hatten uns so gut, wie es eben ging, auf die Flintenjagd vorbereitet. Einige Skeet- und Traprunden auf dem Schießstand um die Ecke bereiteten uns keine großen Sorgen. Aber der Tag auf dem Parcoursstand im holländischen Weert holte uns auf den Boden der Tatsachen zurück. Die insgesamt 18 Jagdparcoursstände bieten für den versierten Flintenschützen alle erdenklichen Varianten. Tontauben als Standards, Midis, Minis, Rollhasen, Rockets und Battues verlangten uns alles ab, und obwohl uns ein befreundeter und exzellenter Parcoursschütze als Schießlehrer begleitete, schossen wir mehr Luftlöcher als erhofft. Entsprechend unsicher machten wir uns am frühen Morgen unseres ersten Jagdtages zum 15 Meilen südlich von Inverness gelegenen Dunmaglass Estate auf. Das Jagdrevier erstreckte sich auf etwa 5.700 ha am Fuße der Monadhliath Mountains. Dunmaglass ist der historische Sitz des schottischen MacGillivray Clans und heute im Besitz einer Immobilienentwicklungsgesellschaft. Vor Ort wurden wir bei gutem Wetter vom Head Gamekeeper Iain begrüßt und in die Gepflogenheiten der schottischen Niederwildjagd eingeweiht. Wir würden teilweise Vorstehtreiben durchführen, aber auch mit den Hunden vor der Flinte jagen. Haarwild, insbesondere Kaninchen, dürfe nur beschossen werden, wenn es beim Buschieren ausdrücklich freigegeben werde. Die Jagd in der Luft und am Boden wurde hier meist klar voneinander getrennt, und Sicherheit ging grundsätzlich vor Erfolg. Wir füllten unsere Taschen und Patronengürtel mit ausreichend Munition aus dem Wäschekorb, den David für uns vorbereitet hatte. Im Sammelsurium an Schrotpatronen fand sich alles, was David in seinem Haus zusammengekramt hatte. Uralte Eley, Hull und Purdey, auf denen kaum noch zu erkennen war, um welche Schrotstärken, geschweige denn Vorlagen es sich handelte. Zunächst sollte der Korb leer geschossen werden, bevor wir die neuen Eley VIP Game in Schrotstärke 6 nutzen durften. Für ihn schien diese Ansage allerdings nicht zu gelten. Er stopfte ungeniert aus den frischen Pappkartons.

2019: Morgenstimmung in Dunmaglass

Das erste Feldgehölz war weiträumig umstellt. Ich hatte auf meinem Stand kräftigen Gegenwind, und so war zu erwarten, dass die Fasanen pfeilschnell über mich hinwegsegeln würden. Kurz nachdem die wenigen Helfer sich mit ihren Hunden in das Treiben begeben hatten, waren auch schon die ersten schrillen und heiseren Warnrufe der Hähne zu vernehmen. Ich versuchte die heranstreichenden Vögel frühzeitig anzunehmen, scheiterte aber zunächst kläglich. Oft war ich viel zu spät und somit der zweite Schuss über Kopf nicht mehr möglich. So musste ich mich erst einmal umdrehen und konnte den oft schon außer Reichweite fliegenden Fasanen nur noch frustriert hinterherschauen. Die anderen machten es teilweise besser, und so lagen die ersten Hähne auf der Strecke. Es folgten Treiben vor der Flinte und Vorstehtreiben im Wechsel. Beim Buschieren stand nicht die individuelle Strecke im Vordergrund, sondern die gute Arbeit der Hunde. Es war schön mitanzusehen, wie sich unsere junge Hündin Kira an den hervorragend eingespielten Labradoren und Black English Cocker Spaniels unserer Gastgeber orientierte. Ulla hatte als Hundeführerin sichtlich Spaß, und auch die Trefferquote wurde nach und nach besser. Bei mir brachte ein Kaninchen über Kopf die Wende, und auch die Fasanen fielen nun endlich vom Himmel.

Mein Stand an einem reißenden Bach hätte vielversprechender nicht liegen können. Getrieben wurden die beiden etwa 20 m oberhalb von mir gelegenen Plateaus beidseitig des Taleinschnittes. Das waren in der Tat „High Birds“, die in gut 30 m Höhe über unsere Köpfe hinwegschossen. Gegenüber den abstreichenden Fasanen wirkten die Partridge-Ketten wie leichte Stukas im Sturzflug. Wendig, schnell und verdammt klein. Mir gelang eine Dublette auf Fasanen, und stolz wurde ich im miesen Wetter einen Kopf größer. Hätte mir jemand zugesehen, hätte er beobachten können, wie beide Fasanen hinter mir in den Bach stürzten und von den Wassermassen weggerissen wurden. Vergeblich blieb unsere Suche nach dem Treiben am Ufer, und Iain tröstete mich damit, dass die Fasanen vermutlich am flussabwärts gelegenen Wehr hängen geblieben seien und dort eingesammelt werden könnten.

Gegen Mittag kehrten wir im feudalen Jagdsaal des Estates ein. Ein wenig verloren wirkten die wenigen Jäger und Treiber an der langen Tafel unter den großen Kronleuchtern aus alten Abwurfstangen. An den Wänden hingen historische Fotos mit Jagdszenen aus den vergangenen Jahrzehnten. Natürlich wurde der Kamin für unsere überschaubare Gruppe nicht extra angeheizt, und auch für eine Partie Billard blieb keine Zeit. Uns war es recht, wurden wir doch von Treiben zu Treiben besser, und das nicht nur auf Fasanen, sondern auch auf die wendigen Partridges.

Schade, dass das Streckelegen nach der Jagd bei den Schotten keine große Tradition besitzt. Was hätten wir dafür gegeben, an einer bunten Strecke dem Wild die letzte Ehre zu erweisen. Da hätten wir auch gerne die Dudelsackbläser anstatt der gewohnten Jagdhornbläser akzeptiert. So begaben wir uns stattdessen am späten Nachmittag direkt zur Hütte des Gamekeepers, um den Jagdtag bei Dosenbier ausklingen zu lassen. Die Wände der Hütte waren behängt mit zerfledderten Revierkarten, alten Fotos und vergilbten Trophäen. Wir bestaunten die üppig gefüllte Waffenkammer, und wer etwas davon verstand, entdeckte eine ganze Reihe von edlen Flinten namhafter Hersteller. Mit unseren Schäften aus Kistenholz hatten diese Waffen wenig gemein. Aber gut, mir war es wichtiger, dass meine Flinte vernünftig lag und ich damit Erfolg hatte, das Aussehen war für mich eher zweitrangig.

2019: Waffenkammer Dunmaglass

Iain genoss unser Zusammensein sichtlich, und er hatte augenzwinkernd noch ein besonderes Schmankerl für uns parat. Er setzte eine kupferne Pfeife mit langem Mundstück und einem oben auf dem Pfeifenkörper angebrachten Rädchen an seine Lippen an, pustete mit dick aufgeblasenen Backen hinein und brachte das Rad zum Drehen. Die Pfeife ähnelte einer Lungentest-Pfeife, wie sie die Taucher benutzen, um vor und nach dem Tauchgang ihre Lungenkapazität zu überprüfen. Er bat uns, es ihm gleichzutun, und reichte die Pfeife in die Runde. Natürlich war etwas faul an der Sache, aber keiner von uns wusste, auf was er sich da einließ. Wir gaben uns Mühe, genau darauf zu achten, welche der zahlreichen Löcher Iain an der Pfeife zuhielt, bevor er das Rädchen zum Rotieren brachte. Aber vergeblich, wer den Trick nicht kannte, wurde unweigerlich von einer Talkwolke eingenebelt. Lange hielt sich der Gamekeeper zurück, wartete ab, bis wir allesamt weiße Gesichter hatten, und enthüllte dann erst den simplen Trick. Mehr sei an dieser Stelle nicht verraten, um diesen in den britischen Pubs beliebten Scherz nicht zu verraten.

2018: Die Zauberpfeife

Wie im Dunmaglass Estate durften wir auch im Dochfour Estate unweit von Inverness am nördlichen Ufer des Loch Ness zwei Jahre hintereinander jagen, und auch hier gerieten wir an sehr erfahrene und versierte Niederwildjäger. Dennoch taten sich der örtliche Gamekeeper Bob und auch wir uns schwer. Die wenigen Fasanen, die wir zu Gesicht bekamen, waren noch höher und schneller als die High Birds von Dunmaglass. Nur hier und da hatten wir etwas Erfolg. Auch die Treiben vor der Flinte waren kaum spannender und bescherten uns im hohen Raps nur klatschnasse Beine.

Besser wurde es erst, als wir nach einer kurzen und sehr rustikalen Mittagspause in die höheren Regionen des Reviers oberhalb der Baumgrenze umsetzten. Strahlend blauer Himmel, wenig Wind und eine unendlich weite Heidelandschaft erwarteten uns dort. Gejagt wurde hier oben in dieser leicht hügeligen, aber offenen Landschaft vorwiegend auf Partridges. Der Name Partridge wird in Schottland für zwei Arten verwendet, das unserem Rebhuhn entsprechende Grey Partridge (Perdix perdix) und das aus Spanien und Frankreich eingeführte Rothuhn (Alectoris rufa) oder Red-legged Partridge. Das rotbeinige Rebhuhn zeigt sich in der schottischen Kulturlandschaft wesentlich anpassungsfähiger und ist deshalb vorwiegend auf der Jagd anzutreffen.

2019: David und Gamekeeper Bob

Bob positionierte drei Schützen und die Treiber in einer Reihe den steilen Hang hinauf. Klaus und Stefan flankierten im Tal unterhalb unserer Linie. Nur langsam bewegte sich unsere Treiber-Schützen-Kette vorwärts. Die Hunde sollten genügend Zeit erhalten, die Heide in dem teils zerklüfteten Hang abzusuchen. Ab und an erklang ein lautes Klatschen, wenn die Treiber ihre Plastikfahnen gen Boden schlugen. Die ersten Ketten suchten vor uns das Weite. Gut war zu erkennen, wo sie wieder einfielen, und gezielt konnten die Hunde geschickt werden. Ich hatte meine letzten Rebhühner noch im Besitz des Jugendjagdscheines in unserem Niederwildrevier geschossen. Wenig später vereinbarten die Jäger in meiner Heimat einen freiwilligen Jagdverzicht, und es ergaben sich kaum noch Möglichkeiten. Hier in Schottland schien mir diese Jagd jedoch zu liegen. Gleich die ersten beiden, nach hinten abstreichenden Hühner gingen zu Boden. Auch Ulla neben mir machte ihre Sache gut, auch wenn sie sich immer wieder korrigierend um Kira kümmern musste.

Schwer taten sich die beiden Schützen im Tal. Sie hatten eindeutig die anspruchsvollste Aufgabe. Einige Hühner schossen direkt hangabwärts und schwenkten im Tal angekommen mit hoher Geschwindigkeit über ihre Köpfe hinweg. Die beiden fanden nicht das richtige Vorhaltemaß und schossen ein Luftloch nach dem anderen. Dem Treiben vor der Flinte folgten mehrere Vorstehtreiben. Dabei postierten sich die schottischen Hundeführer hinter uns Schützen, um getroffene Hühner sogleich apportieren zu lassen. Dies war auch notwendig, da die braunen Vögel im Heidekraut nur schwer auszumachen und zu finden waren. Zudem war es für die Schützen nicht leicht, sich alle Stellen, an denen ein Huhn zu Boden gegangen war, exakt zu merken. Die Jagd war nicht ganz ungefährlich, und wir waren froh, dass alle besonnen zur Sache gingen. Die Schützenkette, die Treiber vor uns und die Hundeführer hinter uns verlangten, dass jeder Schuss wohlüberlegt sein wollte. Das Huhn, das an mir vorbei genau auf Klaus zuschoss und nur wenige Meter an seinem Kopf vorbeizischte, kam natürlich ungeschoren davon. Wir schauten uns an und tippten beide an unsere Hüte. Gut, dass wir uns aufeinander verlassen konnten. Insgesamt schlugen wir uns ganz beachtlich und freuten uns über 24 Partridges auf der abendlichen Strecke.

2018: Jagd auf Partridges im Dochfour Estate

Ganz anders gestaltete sich die Situation im Jahr darauf. Die Heideflächen waren wolkenverhangen und von Nebel eingehüllt. Die dichten Schwaden ließen uns kaum erkennen, wo die getriebenen Ketten wieder einfielen, und machten es den Hundeführern schwer, ihre Labradore und Spaniels zielgerichtet ans Wild zu bringen. Nur wenige Hühner kamen schussgerecht, und die Strecke fiel erheblich spärlicher aus. Aber Bob wusste genau, wie er die Gesamtstrecke auf das gewünschte Maß anheben konnte. In beiden Jahren endeten unsere Jagden im Dochfour Estate mit einem Ententreiben im unteren Teil des Reviers unweit des Loch Ness. Der lang gezogene Teich war von Bäumen gesäumt, und gen Abend fanden sich dort unzählige Enten ein. Im ersten Jahr stand die Schützenkette unterhalb des Teiches. Hier kamen die Enten über die Wipfel der Kiefern. Sie waren nicht sonderlich hoch und wurden von der drohenden Gefahr überrascht. Es war ein Leichtes, sie vom Himmel zu holen, und dem ein oder anderen gelangen sehenswerte Dubletten. Schwieriger war es im Jahr darauf. Oberhalb des Teiches kamen die Enten wesentlich höher, und nicht jeder von uns hatte die Geduld, sie so lange kreisen zu lassen, bis die Schussentfernung ein vertretbares Maß angenommen hatte.

Im Jahr 2019 jagten wir neben den beiden Jagdtagen in Dunmaglass und Dochfour noch einen weiteren Tag auf Niederwild. Das Allangrange Estate nördlich von Inverness bestach dabei nicht nur durch seine vielen Fasanen, sondern auch durch sein enormes Vorkommen an Waldschnepfen. Die Standvogelpopulation wird in Schottland Jahr für Jahr etwa ab dem Vollmond im November durch unzählige Zugvögel, die die Britischen Inseln als Winterquartier nutzen, aufgefüllt. Wie elektrisiert waren wir jedes Mal, wenn das laute „Woodcock!" der Treiber ertönte und die Vögel in rasant schnellem Zickzackflug aus den Treiben schossen. Aber grundsätzlich war Vorsicht geboten. Die wendigen Flieger strichen meist flach und häufig über die Ränder des Bestandes. Ein Schuss wäre in dieser Situation für die Treiber und die gegenüberstehenden Schützen viel zu gefährlich gewesen. Ulla gelang in Begleitung von David gleich mit dem ersten Schuss ein Treffer. Wie beim Frettieren warf sie die Flinte hin und holte die Schnepfe vom Himmel. Sie brach ihre Waffe, lud die verschossene Patrone nach, und schon war die Flinte wieder angebackt, denn die nächste Schnepfe strich über ihren Kopf. Auch dieser Schuss saß, und die zweite Schnepfe klappte ihre Schwingen zusammen. Wären das Absenken der Waffe und das Nachladen nicht dazwischen gewesen, eine lupenreine Dublette. Nun gut, um Mitglied im exklusiven Shooting Times Woodcock Club zu werden, fehlte es zudem an einer zweiten Begleitperson, die diese besondere Schießleistung hätte bezeugen können. Aber viel fehlte nicht, um in den 1949 gegründeten Club aufgenommen zu werden und die begehrte Hutnadel verliehen zu bekommen. 1.400 Mitglieder hat der Club inzwischen, und Jahr für Jahr veranstaltet dieser ein exklusives Dinner für seine auserwählten Schützen. An Ulla kamen wir nicht heran, aber dennoch sollte jeder von uns wenigstens eine Schnepfe vom Himmel holen und sich stolz die Malerfedern an den Hut stecken dürfen. Ein wenig verdarben wir unsere gute Vorstellung im letzten Treiben. Es ging auch hier auf Enten, die sich am Fuße eines Hanges in einem moorigen Gewässer niedergelassen hatten. Nicht alle Enten stiegen hoch über das Wasser auf, und einige suchten im Tiefflug das Weite über den angrenzenden Acker. Auch diese wurden von uns beschossen, was den Schotten sichtlich missfiel. Jagd ist für sie auch immer eine sportliche Herausforderung, und die flachen Schüsse hatten aus ihrer Sicht mit sportlichem Jagen nicht viel zu tun. Das Treiben wurde relativ schnell beendet, und wir wurden deutlich darauf hingewiesen, dass diese Art zu jagen in Schottland nicht erwünscht sei.

Die Niederwildjagd hat in Schottland große Tradition und einen ganz besonderen Stellenwert. Dem „Glorious Twelfth" am 12. August, dem Beginn der Jagdzeit auf die tief streichenden und pfeilschnellen Grouse, fiebern nicht nur die schottischen Jäger, sondern auch Jäger aus aller Herren Länder entgegen. Die schwarzen schottischen Moorhühner haben wir nicht gejagt, dies war uns mit über 200 Pfund je Paar dann doch eine Nummer zu groß, aber dennoch haben wir eine Jagd erlebt, wie wir sie von unseren Vätern gelernt und schon so lange vermisst hatten. Bei guten Freunden, gesellig, variantenreich, spannend, anspruchsvoll, im Zusammenspiel mit gut ausgebildeten Hunden, in traumhafter Landschaft. Ein ganz besonderes Erlebnis.

2019: Telefonhäuschen

Getriebene Enten – Tschechien

Die Niederwildstrecken in den Jagdrevieren der historischen Länder Böhmen und Mähren waren über viele Jahrzehnte legendär. Wer dort jagen durfte, war geadelt unter den Niederwildjägern. Doch auch das heutige Tschechien konnte sich dem allgemeinen Trend rückläufiger Streckenzahlen beim Niederwild nicht entziehen. Trotzdem gibt es dort auch heute noch beachtenswerte Niederwildjagden auf hohem Niveau. Insbesondere die Jagd auf Enten hat in Tschechien eine lange und traditionsreiche Geschichte, die bis in die Gegenwart reicht. Dabei sind vor allem die südböhmische Seenplatte und hier die Kleinstadt Třeboň für spektakuläre Entenjagden im September bekannt. Über 7.000 Teiche mit einer Gesamtfläche von 30.000 ha finden sich in dieser Region.

Karpfenernte (Foto: ©Mario Hoesel/stock.adobe.com)

Bereits im mittelalterlichen Böhmen des 13. Jahrhunderts wurden in Südböhmen im großen Stil Fischteiche zur Karpfenzucht angelegt. Karl IV. (tschechisch: Karel IV.), römisch-deutscher König und König von Böhmen, förderte diesen Wirtschaftszweig. So entstand über die Jahrhunderte ein ausgedehntes und über zahlreiche Gräben vernetztes System von Teichen, kleineren Weihern und Tümpeln. Der Fischzuchtbetrieb von Třeboň weist allein eine Wasserfläche von fast 7.000 ha auf. Das traditionelle Abfischen dieser Gewässer ist heute noch ein viel beachtetes Spektakel. Dabei wird im Herbst bei möglichst kühlen Temperaturen das Wasser fast vollständig aus den Teichen abgelassen und der Fischbestand im schlammigen Grund mit großen Netzen abgeschöpft. Die tschechischen Karpfen gelten aufgrund der guten Wasserqualität als Delikatesse. Nicht nur paniert mit Kartoffelsalat, als typisches Weihnachtsessen der Tschechen, sondern auch als Exportschlager in den Nachbarländern Deutschland und Österreich. Kein Wunder, dass sich in solch einer Landschaft eine üppige Entenpopulation wohlfühlt. Berücksichtigt man die zahlreichen Zugenten, die jeden Herbst aus dem nordwestlichen Russland hinzukommen, scheinen die Bestände in dieser Region zur besten Jagdzeit unerschöpflich.

Das dachten auch die tschechischen Jäger, die in vergangenen Tagen auf vielfältige Weise und dabei teils sehr rabiat den Breitschnäbeln nachstellten. So gab es bis zur Mitte des vorigen Jahrhunderts an vielen Teichen noch separate Becken für den Entenfang in Netzen. Diese waren meist etwa 80 x 120 m groß, hatten mehrere Zu- und Abflüsse und besaßen eine gebogene Form, sodass man vom Anfang aus nicht das Ende des Beckens einsehen konnte. Die abfließenden Gräben verjüngten sich fortlaufend und endeten in einer Art Reuse aus Netzen, in denen die gefangenen Enten von den Jägern problemlos erlegt werden konnten. Um die Enten in diesen Bereich zu locken, nutzte man häufig zahme Enten, die auf Pfiff zum Futter schwammen und denen die wilden folgten. Manchmal setzte man zum Locken auch Hunde mit rötlichem Fell ein, etwa den kanadischen Nova Scotia Duck Tolling Retriever, den kleinsten Vertreter der Retrieverrassen, die von den Enten als Fuchs angesprochen wurden und denen sie ebenfalls folgten, vermutlich um das Ausmaß der Bedrohung festzustellen. Dabei fühlten sie sich auf dem Wasser sicher und schwammen gedankenlos in ihr Verderben.

Enten anlockender Retriever – der „Toller"
(Foto: ©Morev_N/stock.adobe.com)

Gejagt wurde auch mit Punt Guns, extrem großen Flinten von bis zu 3 m Länge und einem Gewicht von über 30 kg. Sie konnten bis zu 500 g Schrote fassen und wurden aufgrund ihres hohen Gewichts und der extremen Rückstoßkräfte von Konstruktionen, die meist auf länglichen, flachen Ruderbooten, sogenannten Punts, befestigt wurden, auf größere Schwärme abgeschossen. Auch siebenläufige Schrotflinten mit einer Deckung von über 4 m Breite kamen zum Einsatz. Jagdformen, die schon damals die Entenbesätze mächtig unter Druck setzten und heute, auch aus jagdethischen Gründen, längst nicht mehr erlaubt sind.

Punt Gun im Einsatz

Inzwischen setzen ganz andere Faktoren den Beständen zu. Aufgrund des Klimawandels stellen sich zum Ende des Jahres immer weniger Zugenten auf den böhmischen Gewässern ein. Milde russische Winter machen es für sie nicht mehr nötig, in wärmere Gefilde auszuweichen. Extreme Trockenperioden führen zudem zu einem Rückzug der schilfbewachsenen Uferzonen, und ehemals sichere Brutstätten sind von den zahlreich vorhandenen Räubern leichter zu erreichen. Zu diesen gehören heute auch nicht mehr nur Fuchs, Dachs und Marder, sondern auch viele nicht heimische Arten wie der Marderhund oder der Waschbär. Verständlich, dass die tschechischen Jäger heute neben ihren Hegebemühungen wie dem Anlegen von sicheren Brutvorrichtungen auch die Nachzucht von Enten ins Auge gefasst haben. So werden inzwischen im großen Stil junge Enten im Frühjahr ausgesetzt, die bis zum Beginn der Jagdzeit im September ein angenehmes Leben haben. Sie könnten problemlos davonfliegen, aber stetiges Füttern hält sie vor Ort. Allenthalben findet man an den Ufern kleine Futtersilos, von denen Getreide in Boote abgelassen und dann in den Flachwasserzonen verfüttert wird. Dies hat natürlich mit der klassischen Bejagung von Enten bei uns zu Hause wenig gemein, aber ein Abknallen von zahmen Vögeln, die aus Käfigen und Kisten freigelassen werden, ist es bei Weitem auch nicht.

2020: Futtersilo

Zweimal haben meine Frau Ulla und ich diese Jagd auf getriebene Enten miterleben dürfen. Beide Male hatten wir unsere Labradorhündin Kira dabei. Für sie waren es unvergessliche Tage. Spannung lag in der Luft, wenn wir Jäger uns die Patronengürtel umschnallten, die Patronentaschen umhängten und unsere Flinten schulterten. Kira wusste genau, was nun auf sie zukam. Ruhig ging sie bei Fuß, bis der Stand am Wasser erreicht war. Nicht nur wir hatten die ersten kleineren Schofe auf der glitzernden Wasseroberfläche entdeckt. Der Körper der Hündin begann aufgeregt zu zittern. Es muss für sie eine unglaubliche Überwindung gewesen sein, ihre Standruhe einzuhalten. Als das Spektakel begann, die ersten Enten am Himmel zu erkennen waren und die ersten Schüsse fielen, begann ihre Arbeit. Genau merkte sie sich die Stellen, an denen Enten getroffen ins Wasser platschten. Ente für Ente, Stelle für Stelle. Und dann endlich gab sie der erlösende Befehl „Apport!“ frei. Mit großem Fleiß und Ehrgeiz ging Kira zur Sache. Eine Ente nach der anderen holte sie zielsicher aus dem Wasser, apportierte gehorsam und gab sie ihrem Führer aus. Dieses Merken (Marking) ist eine Retriever-typische Eigenschaft und Arbeitsweise, die immer wieder beeindruckt und diese Hunde so einzigartig macht. Unbändig auch ihr Wille, die schwierigen, krankgeschossenen Enten zu finden und ihrer Herr zu werden. Tauchten diese minutenlang ab, war es für Kira ein kräftezehrendes und manchmal zermürbendes Unterfangen. Kreisförmig schwamm unsere Hündin rings um die Stelle, an der die Ente verschwunden war, und wartete so lange, bis diese wieder auftauchte. Sofort setzte sie der Ente nach, und im Idealfall schnappte sie sicher zu, schlimmstenfalls musste sie bis zum Erfolg mehrere Phasen des Abtauchens abwarten. Was für ein spannendes Schauspiel! Die Entenjagden an den böhmischen Gewässern sind für jeden Hundeführer, der mit seinem vierbeinigen Gehilfen am Wasser arbeiten möchte, eine ideale Gelegenheit, dies ausgiebig und mit Erfolg zu tun.

2020: Kira nach getaner Arbeit

Beide Jagden, an denen wir im September der Jahre 2020 und 2022 teilnahmen, fanden in Westböhmen südlich von Pilsen statt. Jedes Mal wurden wir von den tschechischen Jägern gastfreundlich mit einem „Lovu zdar!“ (Glückliche Jagd, Weidmannsheil!) begrüßt. Beide Jagden fanden in einer traumhaft idyllischen Natur statt, und bei beiden waren die Entenstrecken beachtlich. Dennoch hätten sie unterschiedlich kaum sein können.

Das Revier Horažďovice war Gastgeber unserer ersten Entenjagd. Unsere Jagdfreunde Elke und Hartmut hatten dort in den Vorjahren schon einmal gejagt und begeisterten uns mit ihren Erzählungen. Das Pauschalangebot beinhaltete neben Kost und Logis den Abschuss einer unbegrenzten Zahl an Enten. Bei den angekündigten Streckenerwartungen schien uns das Angebot passend zu sein. Als Unterkunft war das Schloss Lnáře vorgesehen. Die ursprünglich aus dem 14. Jahrhundert stammende gotische Burg wurde im 17. Jahrhundert durch ein frühbarockes Schloss ersetzt. Das immer wieder hoch verschuldete Anwesen ging im Laufe der Jahrhunderte durch viele Hände, bis es 1936 in das Eigentum der Prager Anwaltsfamilie Vaníček überging. Nach dem Ende des Zweiten Weltkrieges wurde es verstaatlicht und erst Ende des vorigen Jahrhunderts wieder in den Besitz der Familie übergeben. Umfangreiche Renovierungsarbeiten lassen es heute zumindest äußerlich in einem prachtvollen Rahmen erscheinen.

2020: Schloss Lnáře – eingebettet in einen prachtvollen Schlossgarten

Der stattliche Schlossgarten mit seinen uralten Baumriesen und die Kapelle des heiligen Josef mit reichem Dekor und farbigen Fresken waren in der Tat beachtenswert, aber die Hotelzimmer präsentierten sich eher spartanisch und sehr einfach gehalten. Für unsere Zwecke ausreichend, aber für eine nicht jagende Begleitperson wie die Freundin von Philipp, Elkes und Hartmuts Sohn, eher ungeeignet, um sich dort während des Tages die Zeit zu vertreiben.

Auch in Westböhmen und der Region Horažďovice fanden sich in einer sanft welligen, idyllischen Landschaft zahlreiche Teiche in den Talsenken, meist eingebettet zwischen saftigen Wiesen, umsäumt von einem üppigen Uferbewuchs mit breiten Schilfgürteln und blicksicheren Strauchstreifen. Unweit eines dieser Teiche wurde die lange Autokolonne der angereisten Jäger zu einer Wiese geleitet. Dort erfolgte bei spätsommerlichem Wetter die offizielle Begrüßung durch den Reisevermittler und Jagdleiter sowie den örtlichen Jagdvorstand. Eindringlich wurde darauf hingewiesen, dass nur in einem Winkel von über 45° über das Wasser geschossen werden dürfe, um die Stände auf der gegenüberliegenden Seite nicht zu gefährden. Falls dem nicht Folge geleistet würde, müsste die Jagd sofort abgebrochen werden. Zudem sollten möglichst alle verschossenen Patronenhülsen aufgehoben werden, wohlweislich, da gelegentlich schon einmal Jagden nachträglich kontrolliert wurden. Ansonsten interessierte das schon seit 2011 geltende Verbot der Verwendung von bleihaltigen Schroten an Gewässern erstaunlicherweise niemanden.

Während der Begrüßung ergab sich genügend Zeit, die Gruppe von etwa 30 Schützen prüfend in Augenschein zu nehmen. Hier fand sich ein recht bunter Haufen zusammen. Die tschechischen, österreichischen und deutschen Kennzeichen ließen vermuten, dass hier Jäger aus ganz unterschiedlichen Regionen mit ganz unterschiedlichen Vorstellungen und jagdlichem Können zusammengekommen sein mussten. Vermeintlich versierte Entenjäger mit langen Automaten, Sportschützen mit edlen Flinten, manche in tarnendem Camouflage, andere im luftigen Outfit, eine ganze Reihe an Jägern mit ihren Hunden, Jagdgruppen, Einzelkämpfer, Ältere und Jüngere, manche zum wiederholten Male dabei, andere, wie Ulla und ich, das erste Mal.

2020: Typischer Stand

Vom Treffpunkt aus konnten die Stände des Treibens im Schutz der natürlichen Vegetation ohne Beunruhigung der auf dem Wasser liegenden Enten angegangen werden. Das Signalhorn ertönte, und die rund um den Teich platzierten Schützen rückten bis an das Ufer heran. Die ersten Schüsse schallten über das Wasser, und die ersten Enten klappten ihre Flügel zusammen. Es befanden sich nicht unbedingt unnatürlich viele Enten auf dem Gewässer, aber dennoch war die Anzahl der Schüsse beachtlich. Äußerst geschickt verstanden es die tschechischen Jäger in der Folge, die Enten in überschaubar großen Schofe in die Lüfte zu bringen und so den Schützen viele Möglichkeiten zu bieten. Zahlreiche Enten hatten nach der ersten Flucht den Drang, wieder zum Wasser zurückzukehren, und kreisten über dem Treiben. Hier trennte sich unter den Teilnehmern merklich die Spreu vom Weizen. Die unerfahreneren Schützen nahmen die Krei-

2020: Bunter Haufen

senden sogleich unter Feuer, anstatt in Ruhe abzuwarten, bis sie bei der zweiten oder dritten Runde endlich in Schussentfernung kamen. Währenddessen bemühten sich die Tschechen mit flachen Booten, die Enten, die sich im Schilf gedrückt hatten, in die Lüfte zu bekommen. Allenthalben waren die Außenborder und das Klatschen der Ruder auf der Wasseroberfläche zu hören. Der Schussreigen nahm zum Ende hin deutlich ab, und die Besatzung der Boote fand nun Zeit, die zahlreichen Hunde, die längst zum Apport ins Wasser geschickt worden waren, zu unterstützen. Die Jagd machte einen gut organisierten und professionellen Eindruck, und so lagen etwa 100 Enten am ersten Teich auf der Strecke.

Doch schon beim zweiten Treiben war deutlich zu merken, dass die tschechischen Jäger zwar ihr Handwerk verstanden, die Organisation des Jagdleiters jedoch zu wünschen übrig ließ. Eine fehlende feste Zuordnung in den Anstellgruppen führte dazu, dass diejenigen, die hier schon einmal gejagt hatten, sich in die vermeintlich guten Gruppen drängelten und versuchten, die besten Stände zu ergattern. Hinzu kam die merkliche Bevorzugung des ein oder anderen Schützen. Dies gipfelte darin, dass Hartmut während eines Treibens mehrfach den Stand wechseln musste. Benjamin, sein Nachbar und regelmäßiger Teilnehmer, beanspruchte den vermeintlich besseren Stand von Hartmut und bekam diesen auch zugesprochen. Als dieser sich dann doch nicht als ergiebiger erwies, musste erneut gewechselt werden. Da fühlte man sich schon etwas ins zweite Glied versetzt und auf den Arm genommen. Auch mit dem vorgegebenen Schusswinkel nahmen es einige, und insbesondere Benjamin, nicht so genau. Mehrfach konnte ich beobachten, wie sein tschechischer Begleiter seine Flinte nach oben drückte, um gefährliche Schüsse flach über das Schilf hinweg zu vermeiden.

2020: Benjamin in Begleitung eines tschechischen Jägers

Die Krönung aber gelang Benjamin während eines Treibens an einem der größeren Gewässer. Während wir damit beschäftigt waren, die inzwischen gängige Konfusion beim Abstellen der Flanken in den Griff zu bekommen, und die Hälfte der Jäger noch im Auto auf dem Weg zum anderen Ende des Sees unterwegs war, brachte man ihn mit dem Boot auf einen schwimmenden Ponton inmitten des Sees. Bei großen Gewässern wurden diese Stände häufig genutzt, um die Enten in Bewegung zu halten und zu vermeiden, dass sie sich auf der Mitte schwimmend in Sicherheit brachten. Die ungewöhnliche Beunruhigung veranlasste einige Enten, schon früh das Weite zu suchen. Noch lange bevor das Horn ertönte und noch lange bevor alle Jäger die Autos verlassen hatten, begann Benjamin mit seinem eigenen Treiben und beschoss ungeniert die in Bewegung geratenen Enten. Der Unmut der anderen war verständlich, hatten doch die meisten Breitschnäbel längst das Weite gesucht, bevor alle ihre Stände erreicht hatten. Als dann einige Wahnsinnige ihrem Groll mit Leuchtspurmunition, die über die Wasseroberfläche verschossen wurde, Luft machten, war das Maß eigentlich endgültig randvoll. Doch trotz alledem erfolgte keine klare Ansage und kein Zurechtweisen durch den Jagdleiter. Augenscheinlich war es ihm egal, ob die Jagd bis zum Ende geordnet ablief, ob die Sicherheit immer gewährt blieb und ob alle gleichermaßen eine gute Entenjagd erlebten. Für uns war schnell klar, dass dies eindeutig der Nachteil einer Pauschaljagd war, bei der alle einen festen Betrag für zwei Jagdtage bezahlten und es dabei dem Veranstalter letztlich egal sein konnte, wie der Einzelne diese erlebte. Trotz aller misslichen Umstände fuhren Ulla und ich zufrieden nach Hause. Wir durften zwei Tage in einer wunderschönen Natur und bei bestem Wetter zusammen mit unserer Hündin Kira und guten Jagdfreunden erfolgreich auf Enten jagen. Klar war uns aber auch, dass eine Wiederholung dieser Jagd nur bei einem erfolgsorientierten Abrechnungssystem je geschossener Ente und nur bei Gewährleistung aller unabdingbaren Sicherheitsvorkehrungen erfolgen sollte.

Zwei Jahre später waren wiederum Elke und Hartmut die Initiatoren unserer zweiten gemeinsamen Reise zur Entenjagd nach Westböhmen. Auch dieses Mal ging es in die Nähe von Horažďovice. Das Revier Nalžovské Hory, das im 17. Jahrhundert für seine ergiebige Silbermine bekannt war, lag nur wenige Kilometer westlich der uns bekannten Kleinstadt. Der Reiseveranstalter machte einen seriösen Eindruck, jagte nur in vereinseigenen Revieren und bot für Mitte September eine Jagd mit individueller Abrechnung an. Genau dies war eine unserer Bedingungen für eine weitere Jagd auf Enten im benachbarten Tschechien gewesen. Uns schlossen sich mit Sohn Philipp mit seinem gelben Field-Trial-Labrador Jobs, Felix, seinem Kumpel vom heimischen Tontaubenstand, Wolfgang und Sohn Kevin, beide ebenfalls begeisterte Sportschützen, und Raimund, dem flintenaffinen Förster aus Koblenz, weitere Jäger an. Untergebracht wurden wir auf dem ehemaligen Gutshof und heutigen Reiterhof Krutěnice. Auch dieses Landgut wurde ähnlich wie Schloss Lnáře wegen Überschuldung vor dem Zweiten Weltkrieg an einen Privatmann, den Prager Bankier František Müller, verkauft. Dessen Erben haben die Ländereien später einzeln an die örtliche Bauernschaft veräußert. Der Reiterhof bietet heute mit seinen umfangreichen Stallungen und überdachten Reitmöglichkeiten vor allem im Winter vielen Pferdesportlern optimale Trainingsbedingungen. Der Familienbetrieb bewirtschaftet neben dem Reiterhof mit angeschlossenem Hotelbetrieb noch einen weiteren Hof, auf dem vorwiegend Ackerbau und Viehhaltung zu den Betriebszielen gehören.

2022: Reiterhof Dvůr Krutěnice

Die familiäre Atmosphäre war nicht nur im Hotel und in der kleinen Gaststätte zu spüren, sondern auch bereits beim morgendlichen Eintreffen unserer jagdlichen Gastgeber. Edita, die Tochter des Jagdvereins-Vorsitzenden, war die Organisatorin der Jagd und strahlte eine herzliche Wärme aus. Gemeinsam tranken wir in Ruhe noch einen Kaffee und konnten dann ohne Hektik die Formalitäten klären und wurden schließlich am noch leeren Streckenplatz in die Gepflogenheiten der hiesigen Entenjagd eingeweiht. Fortan erhielt jeder Schütze für die kommenden beiden Jagdtage einen festen Begleiter, der die Anzahl der erlegten Enten festhielt und teilweise auch das Anreichen der Patronen beim Nachladen übernahm. Neben uns waren nur noch zwei weitere Gäste mit von der Partie, die Übrigen waren meist Tschechen aus dem Jagdverein oder der näheren Umgebung. Die beiden jungen kuwaitischen Zubucher wollten nach einer Messe in Frankfurt noch ein spannendes Wochenende erleben und hatten aus diesem Grunde eine Entenjagd in Tschechien gebucht. Mal etwas anderes als die in ihrer Heimat so beliebte Beizjagd. Ihr tiefergelegter Mercedes-Leihwagen musste gelegentlich passen, wenn wir querfeldein in Richtung der zu bejagenden Teiche fuhren, ihre Waffen erhielten sie erst auf dem Stand, schossen mehr Luftlöcher als Enten, dabei aber nie gefährlich oder unangenehm. Edita gelang es problemlos, sie zu integrieren. Ihnen wurde zu Mittag Fisch anstatt Schweineschnitzel serviert, und zum Ende hin wurden noch ein paar Erinnerungsfotos mit unseren Hunden und den geschossenen Enten gemacht. Für die beiden ein augenscheinlich erlebnisreiches Jagdwochenende.

2022: Teich mit breitem Schilfgürtel

Ansonsten verlief die Jagd ähnlich wie zwei Jahre zuvor. Der feine, aber entscheidende Unterschied war dennoch allenthalben zu spüren. Ständig waren Edita und unsere tschechischen Begleiter um unser Wohl besorgt. Die Jagd verlief in einer angenehmen, ruhigen und immer persönlichen Atmosphäre ab. Bestimmt und straff organisiert, aber stets herzlich. So hatten wir es uns erhofft.

Es wurden Teiche von mittlerer Größe, auch hier meist mit breiten Schilfgürteln und schützender Bepflanzung am Ufer, bejagt. Wenn die Enten passend kamen, konnten wir unsere Flintenfertigkeiten unter Beweis stellen und machten gut Strecke. Wenn die Enten die spärlicher abgestellte Seite anflogen, waren sie die Gewinner und konnten sich der Jagd ungeschoren entziehen. Insbesondere die Jüngeren Philipp, Felix und Kevin zeigten ihr Können. Kevin hatte unter seiner maßgeschäfteten Flinte aus dem Hause Perazzi eine kleine ShotKam befestigt und konnte uns am Abend vorführen, wie weit man bei der ein oder anderen Ente vorhalten musste. Nun gut, der nicht sonderlich versierte Jäger, aber talentierte Sportschütze beschoss und traf auch Enten, die für unsereins jenseits von Gut und Böse waren.

2022: Abstellen per Boot

Am Vortag bei windigem und regnerischem Wetter hatte ich mich noch geweigert, einen Stand auf einem der schwimmenden Pontons einzunehmen, aber am zweiten Tag konnte ich mich nicht mehr davor drücken. Edita hatte feste Gruppeneinteilungen, und einer von uns musste sich nun mal opfern. Etwa 2 x 2 m groß war die Plattform, die mit einer Kette am Grund des flachen Gewässers befestigt war. Mein Gott, war das wackelig und dann auch noch mit zwei Personen! Der Stand auf dem Ponton forderte ein ständiges Ausbalancieren und erschwerte das Schießen ungemein. Mit vier Enten fand ich meine Ausbeute in Anbetracht der ungewöhnlichen Herausforderungen gar nicht so schlecht. Ich war allerdings sichtlich froh, als mich der Ansteller mit seinem flachen Metallboot abholte und wieder sicher zum Ufer zurückbrachte.

2022: Dank an der Strecke

Knapp 400 Enten konnten wir so an zwei Jagdtagen erlegen und abends am Streckenplatz bewundern. Der Dank unserer Gastgeber, die Würdigung des Jagdkönigs und das stilvolle Verblasen der Strecke als letzte Ehrung des erlegten Wildes rundeten diese besondere Jagd auf getriebene Enten in Tschechien perfekt ab.

Sicher haben wir nicht zum letzten Mal an solch einer Jagd teilgenommen, insbesondere im Fall einer Jagdgelegenheit, bei der die Rahmenbedingungen zu passen scheinen und wir einem unserer Hunde wieder einmal die Möglichkeit bieten können, seine Passion so richtig auszuleben.

Vor der Flinte – Slowenien

David lag uns nun schon seit Monaten in den Ohren: Wir sollten doch endlich wieder einmal nach Schottland kommen! Coronabedingt hatten Christian und ich in den vergangenen zwei Jahren die ein oder andere, bereits fest ins Auge gefasste Jagdreise kurzfristig abgesagt. Doch nun, im Mai 2022, sollte es endlich wieder so weit sein. Herzlich wurden wir von unseren schottischen Freunden zur Bockjagd im Frühjahr begrüßt. Drei Jagdtage durften wir bei Bob im Dochfour Estate nördlich von Inverness den Roten nachstellen.

2022: Zwei brave schottische Sechser

Wir brachten zwei brave Sechser mit nach Hause, aber leider auch keine guten Neuigkeiten. Eigentlich wollten wir die Zeit in Inverness nutzen, um eine Niederwildjagd für unsere alte Schottlandgruppe im kommenden Herbst zu organisieren. Aber David nahm diesem Anliegen schnell den Wind aus den Segeln. Zu teuer seien die Small Games in diesem Jahr. Vogelgrippe, gestiegene Futterkosten und die vielen ausgefallenen Jagden der vergangenen beiden Jahre hätten viele Estates dazu veranlasst, ihre Preise deutlich anzuheben. Wir konnten uns die langen Gesichter unserer Jagdfreunde zu Hause bereits im Geiste ausmalen.

Aber warum die Flinte ins Korn werfen? Es musste doch attraktive und bezahlbare Alternativen geben! Bei den meisten, in der Folgezeit recherchierten Angeboten handelte es sich jedoch um Jagden auf getriebene Fasanen – mit enormen Tagesstrecken. Da half dann auch der überschaubare Einzelpreis für den geschossenen Fasan wenig. Zudem war es auch nicht das, was wir uns vorstellten. Unser Schießvermögen mit der Flinte war eher im Normalbereich einzuordnen, und turmhohe, pfeilschnelle Vögel lagen daher vermutlich nicht in unserer Reichweite. Darüber hinaus wollten wir, wenn möglich, mit unseren Hunden jagen. Da war der Kontakt von Klaus zu einem kleineren Jagdreisevermittler aus dem hessischen Geisenheim schon interessanter. Er bot Buschierjagden auf Fasanen in Slowenien an. Die erwarteten Tagesstrecken lagen mit etwa 100 Fasanen im Bereich unserer Vorstellungskraft, und so wurde kurzerhand Kontakt aufgenommen. Herr Bachmann entpuppte sich als eingefleischter und erfahrener Niederwildjäger, mit einem dem unsrigen ähnlichen Verständnis für diese Jagdart. Fasanenjagd, wie wir sie aus alten Zeiten kannten, mit unseren Hunden vor der Flinte und mit Freunden in einer überschaubaren Gruppe, das war genau die Jagd, nach der wir gesucht hatten. Leider konnten Klaus und ich die anderen nicht für Slowenien begeistern. Christian hing zu sehr an Schottland, sagte für Slowenien ab und fuhr letztlich Ende Oktober in die Highlands, um Bekannte auf einer Hirschjagd zu begleiten. Und auch die anderen Schottlandjäger aus den Jahren 2018 und 2019 sagten aus ganz unterschiedlichen Gründen ab. So musste eine neue Gruppe ins Leben gerufen werden. Wir suchten unter unseren Niederwildfreunden und wurden recht schnell fündig. Zu Klaus, meiner Frau Ulla mit ihrer Labradorhündin Kira und mir gesellten sich noch Willi mit seiner jungen Drahthaarhündin, Wolfgang, der jagdliche Hansdampf in allen Gassen aus der Voreifel, unser langjähriger Jagdfreund Hubertus, mit dessen Vater wir schon so viele Drückjagdreisen nach Osteuropa gemacht hatten, und sein guter Kumpel Bernd, seines Zeichens Förster, hinzu. Allesamt mit einer ausgewiesenen Passion für die Niederwildjagd.

Das nach Osten rennende Huhn
(Foto: ©daboost/stock.adobe.com)

Slowenien, südlich von Österreich gelegen und über 1.000 km weit entfernt, mehr wussten wir zunächst nicht über unser Reiseziel. Auch der Hinweis von Herrn Bachmann, dass wir im bekannten Weinanbaugebiet Jeruzalem jagen würden, trug zu unserem Vorstellungsvermögen von einer Buschierjagd auf Fasanen in Slowenien nur wenig bei. Etwas Recherche war also notwendig. Das kleine Land ist nur wenig größer als Rheinland-Pfalz und mit seinen etwa zwei Millionen Einwohnern sehr dünn besiedelt. Landschaftlich ist es äußerst abwechslungsreich. Von der Adriaküste über die Tiefebenen hinweg reicht es bis in die Alpen. Ein Drittel seiner Fläche steht unter Naturschutz, und ungewöhnlich viele Braunbären fühlen sich im am stärksten bewaldeten Land Europas wohl. Doch wo nur sollten wir im nach Osten rennenden Huhn (siehe den Landumriss aus der Vogelperspektive) auf Fasanen jagen? In einem Weinanbaugebiet, zwischen den Reben? Wir wollten uns überraschen lassen.

Der lange Mercedes Sprinter war ein echtes Raumwunder, und so hatten sieben Jäger samt Gepäck und ihren beiden Hunden ausreichend Platz, es sich auf der Fahrt in den Süden bequem zu machen. Die Mautgebühren für Österreich und Slowenien hatten wir im Vorfeld schon online gebucht und die hundebedingt häufigeren Pausen nutzten wir, um während der Fahrt nach Jeruzalem regelmäßig die Plätze zu tauschen. Hubertus berichtete begeistert von seiner Hirschjagd zur Brunft in den Masuren, Bernd vertiefte sich in mein Buch „Jagd-Reisefieber", und mehrfach mutmaßten wir über die anstehende Fasanenjagd. So machte die Vorfreude auf zwei Tage gemeinsames Jagen die Anreise kurzweiliger als befürchtet. Die Alpen hinter uns lassend, ging es von Maribor Richtung Osten zur Kleinstadt Ljutomer. Die südlich gelegene kleine Siedlung Radomerje und unser Ziel, das Hotel Stari Hrast, erreichten wir erst bei Dunkelheit am frühen Abend. Herzlich wurden wir begrüßt und auf die wenigen Zimmer verteilt. Die Gäste in der öffentlichen Kneipe schauten sich im TV ein Weltcup-Skirennen in Kranjska Gora an, und gelegentlich wurde es lauter, wenn einer ihrer Landsleute die Piste hinunterraste. Gut und gemütlich hatten wir es angetroffen. Bei leckerem Essen und dem ein oder anderen Bier ließen wir den anstrengenden Tag recht früh ausklingen und freuten uns auf die bevorstehende Jagd.

Noch schnell die Lunchpakete verstaut, und schon machten wir uns erwartungsvoll auf den Weg nach Beltinci jenseits des Flusses Mur. Das Verwaltungsgebäude des 15.000 ha großen staatlichen Jagdreviers Fazan Beltinci lag im Ort, und dort wollten wir uns mit den slowenischen Jägern treffen, um gemeinsam ins Revier zu fahren. Die 20-minütige Autofahrt eröffnete uns erste Einblicke in die Landschaft, die wir in den kommenden Tagen bejagen sollten. Die Ebene Dolinsko erstreckt sich linksseitig der Mur bis zum kleinen Fluss Ledava. Sie ist topfeben und überwiegend landwirtschaftlich geprägt. Auffallend ist die sehr kleinparzellierte Struktur der Ackerflächen, die sicherlich günstige Bedingungen für das Niederwild, insbesondere Fasan, Rebhuhn und Feldhase, bot. Geografisch gehört die Dolinsko-Ebene zur Pomurje, dem Übermurgebiet. „Tausende Zauber umgarnen Pomurje, das absonnige Land beidseitig der Mur […]", so beschreibt Feri Lainšček, ein slowenischer Dichter und Schriftsteller, mit mystischen Worten diese Landschaft. Großräumig gehört sie zum Pannonischen Becken, und mit ihren fruchtbaren Schwarzerdeböden ermöglicht sie eine ertragreiche Landwirtschaft. Von einem Weinanbaugebiet war immer noch weit und breit nichts zu sehen.

Die Begrüßung fiel eher kurz und geschäftsmäßig aus, und schon folgten wir dem Wagen mit Wildanhänger ins Revier. Nur zwei slowenische Jäger begleiteten uns, der Fahrer des Wildwagens und ein Hundeführer mit einem Deutsch Kurzhaar. Im Idealfall sechs, maximal sieben Jäger könnten an dieser Jagd teilnehmen, so hatte

Herr Bachmann die Buchung begrenzt. Lange war uns diese Einschränkung etwas schleierhaft, aber nun vor Ort begreiflich. Natürlich waren Anfang Dezember auch in Slowenien alle Äcker abgeerntet, und demzufolge war Deckung für das Wild sehr spärlich. Im Grunde beschränkte sich die Jagd auf eher rar gesäte, schmale Wildäcker, auf das ein oder andere Feldgehölz, aber vor allem auf die allseits vorhandenen Grenzstreifen zwischen den Feldblöcken. Lang gezogene Strauch- und Baumhecken, der ein oder andere mit Altgras bewachsene Graben oder verwilderte Leitungstrassen waren in den kommenden Tagen unser Jagdrevier. Nach kurzer Einweisung mit Hinweisen zur Sicherheit und zum Jagdablauf machten wir uns auf zum jagdlichen Rundgang durch das Revier. Jeweils drei Schützen flankierten dabei diese Streifen auf beiden Seiten, und ein Schütze, vornehmlich einer mit Hund, begleitete den einzigen Treiber. Der Wildwagen wartete meist vor Kopf, um zu verhindern, dass die Fasanen fußläufig die kleinen Treiben verließen.

Es dauerte nicht lange, bis die ersten schrillen und heiseren Warnrufe der Hähne zu hören waren und sie mit Getöse die Deckung verließen. Sichere Schrotschüsse ließen sie zu Boden gehen. Unsere Labradorhündin Kira war von jetzt auf gleich in ihrem Element. Mit viel Eifer und Freude apportierte sie Hahn für Hahn. Willis junge Drahthaarhündin hingegen war mit der Situation sichtlich überfordert. Sie kannte bisher nur das jagdliche Hundetraining zu Hause, machte dort ihre Sache zwar gut, aber nun in der Praxis war sie von der Vielzahl der Schüsse und des Wildes so eingeschüchtert, dass sie ihrem Führer nicht mehr von der Seite wich. Kein Drang, in die Suche zu gehen, kein Drang, das Wild zu apportieren, Willi tat uns aufrichtig leid. Bewundernswert, mit welcher Ruhe er sich seinem Hund widmete, und verständlich, dass er so viele Möglichkeiten auf günstig abstreichende Fasanen liegen ließ.

Er gab sich die größte Mühe, seinen Hund immer wieder anzuleiten, aber es sollte bis zum Nachmittag dauern, bis sein Drahthaar endlich den ersten Fasan apportierte. Dies zauberte ihm ein Lächeln ins Gesicht, und er schien trotz geringer persönlicher Strecke den Jagd-

2022: Endlich: Der erste Apport!

tag doch noch zu genießen. Ganz anders präsentierte sich der Deutsch Kurzhaar unseres slowenischen Begleiters. Es war toll mit anzusehen, wie sicher dieser erfahrene Hund arbeitete. Immer in guter Distanz zu seinem Führer, zog er deutlich an, wenn er an Wild kam, stand sicher und fest vor und ermöglichte uns so eine Vielzahl an guten Schussmöglichkeiten. In breiteren Streifen oder größeren Feldgehölzen waren wir durch den „Ausfall" von Willis Hund etwas unterbesetzt. Viele Fasanen drückten sich erfolgreich und entgingen so unserem Streben. Deutlich war dies am Folgetag zu spüren, als unsere beiden Hunde durch zwei weitere erfahrene Vierbeiner ergänzt wurden und wir wesentlich mehr Wild vor die Läufe bekamen.

Wir wechselten die Positionen auf den Flanken unkompliziert und zwanglos. Mal ging man rechts, mal links, mal weiter vorn, mal auf der Höhe der Hunde. Keiner drängelte, keiner beanspruchte eine bestimmte Position, und jeder Einzelne freute sich mit dem anderen, wenn ein Fasan sauber geschossen vom Himmel fiel. Was hätten wir Bernd die Schnepfe gegönnt, die ihm, beinahe perfekt, im schnellen Zickzackflug über den Kopf strich. Natürlich waren dies nicht die einzigen Fehlschüsse des Tages. Unsere Schussleistungen waren gut, aber nicht außergewöhnlich, und so ließen wir doch einige Möglichkeiten liegen. Erfreulich, dass auch die Slowenen keinerlei Hektik an den Tag legten und sich in unserem Sinne genügend Zeit nahmen, krankgeschossenes Wild nachzusuchen. Der jagdliche Spaziergang verlief bei schwerem Geläuf über mehrere Kilometer und verlangte unserer Kondition einiges ab. So waren wir froh, zur Mittagspause wieder an unseren Ausgangspunkt zurückzukehren und etwas verschnaufen zu können.

2022: Ulla und Kira in ihrem Element

Ausreichend gestärkt, hätten wir dann allerdings noch den ganzen Nachmittag weiter jagen können, aber die Treiber waren bereits seit den frühen Morgenstunden auf den Beinen, und auch die Hunde zeigten erste Ermüdungserscheinungen. So legten wir schon um 14.00 Uhr Strecke, freuten uns über 65 Fasanen auf der Strecke und erwiesen dem Wild mit unseren Hörnern die letzte Ehre. Auf Empfeh-

2022: Mittagspause im Revier

lung von Herrn Bachmann erwarben wir von den Jägern acht Fasanen, um uns diese am Folgetag im Hotel zubereiten zu lassen.

Bei Palatschinken und einem Glas Wein ließen wir es uns am späteren Nachmittag in der Gaststätte gut gehen. Obwohl wir Jeruzalem immer noch nicht entdeckt hatten, verstanden wir inzwischen, dass in Slowenien weniger Bier, sondern vielmehr Wein getrunken wird. Folgerichtig hatten wir mit der Wirtin für den Abend im Keller des Hauses eine Weinprobe vereinbart. Unser Gastgeber im kleinen, aber feinen Weinkeller war überraschend ein Deutscher, der sich der Liebe wegen im Ort niedergelassen hatte. Früher handelte er mit Agrarmaschinen, im Wesentlichen mit Traktoren. Da jeder 16. Slowene einen Traktor besitze, sei dies ein einträgliches Geschäft gewesen, plauderte er. Doch noch häufiger als Traktoren sei Wein im Hause der Slowenen zu finden. Jeder, der etwas auf sich hielt, hatte einen gut bestückten Weinkeller. Wir probierten den edlen Šipon, den fruchtigen Welschriesling, den frischen Sauvignon, den eleganten Rheinriesling und den würzigen Traminer. Sogar aus dem noch jungen „Cognac"-Fass durften wir den ein oder anderen hochprozentigen Tropfen kosten. Die innige Empfehlung des Sommeliers, am kommenden Tag unbedingt das Weinanbaugebiet Jeruzalem zu besuchen, planten wir natürlich fest ein. „Wer nicht liebt Wein, Weib, Gesang, der bleibt ein Narr sein Leben lang." So fiel es uns nicht schwer, später in der Gaststätte zu Bernds Akkordeonklängen mit Inbrunst alte Jagdlieder anzustimmen.

2022: Bernd am Akkordeon

Gelobt sei derjenige, dem diese Gabe eigen ist. Während wir spätestens ab der zweiten Strophe die Texte im Netz suchen mussten, stimmte Bernd ein Lied nach dem anderen an. Mit feuchten Augen schwärmte die Kellnerin, wir seien die geselligste und beste Jagdgruppe, die hier in den letzten Jahren untergekommen sei.

Mit vier Hunden kamen wir am Folgetag wesentlich besser ans Wild. Es war immer wieder erstaunlich zu beobachten, wie sich Fasanen im hohen Gras drücken können. Die Treiber und Hunde waren längst an der Stelle vorbei, an der einer der Deutsch Kurzhaar nun erneut vorstand. „Da hat sicher eben noch ein Fasan gelegen", taten wir diese Situation eher als belanglos ab. Aber weit gefehlt, das Voran-Kommando des Hundeführers ließ unvermittelt einen weiteren Hahn das Weite suchen. Ziemlich überrascht und deshalb unkonzentriert, wurde er von mehreren Schützen gefehlt. Dennoch verbesserte sich unser Schuss-Treffer-Verhältnis sichtlich, und der Wildwagen füllte sich zusehends. Insbesondere Wolfgang und Klaus liefen zur Hochform auf. Hatten beide am Vortag nur etwa zehn Fasanen erlegt, kamen am zweiten Jagdtag für jeden weitere 20 hinzu. So wurde Wolfgang Tages-Jagdkönig und Klaus Tour-Jagdkönig. Die Gesamtstrecke der anderen lag jeweils bei etwa 25 Fasanen. Nur Willi, dem die Arbeit mit seinem jungen Hund mehr am Herzen lag als seine Strecke, landete darunter. Mit insgesamt 170 Fasanen an beiden Jagdtagen lagen wir somit etwas unter der im Vorfeld angepeilten Gesamtstrecke von 200 Stück Wild.

2022: Fasanen im Wildwagen

2022: 105 Fasanen auf der Strecke des zweiten Jagdtages

Aber wie schon so oft war dies auch bei dieser Jagd eher zweitrangig. Mit Freunden unserer gemeinsamen Passion der Niederwildjagd nachgehen, das war es, was uns angetrieben hatte, nach Slowenien zu reisen und dort auf Fasanen zu jagen. Auch hier haben wir zusammen mit unseren Hunden und unseren slowenischen Gastgebern eine Jagd erlebt, die wir von tiefstem Herzen schätzen und so sehr lieben.

Ach ja, da war doch noch was: Jeruzalem. Der kleine, verträumte Ort lag nur 4 km von unserem Hotel entfernt. Kaum zu glauben, dass wir die Hügellandschaft nicht eher entdeckt hatten. Der überschaubare Weiler gab dem Weinanbaugebiet seinen Namen und war das Ziel der schmalen Sträßchen, die auf den kleinen Hügel in 340 m Höhe über NN führen. Von der Kirche „Zur traurigen Mutter Gottes" und dem benachbarten kleinen Schlosshotel eröffneten sich uns atemberaubende Blicke über eine Landschaft, die an die Toskana erinnert. Zwar finden sich hier keine Säulenzypressen, aber die Pyramidenpappeln stehen ihnen optisch kaum nach.

2022: Jeruzalem, die slowenische „Toskana"

Der Legende nach sollen deutsche Tempelritter im 13. Jahrhundert den Ort auf dem Rückweg von ihrem Kreuzzug aus dem Heiligen Land gegründet haben. Ob die Schönheit der sanften Hügellandschaft oder der gute Wein sie dazu bewegt hat, bleibt bis heute unergründbar. Aus Dankbarkeit, dass sie die Kreuzzüge überlebt hatten, errichteten sie auf dem Hügel eine Kirche und schmückten diese mit dem aus Palästina entwendeten Heiligenbild der

2022: Hauptaltar mit dem Bildnis der „Traurigen Mutter Gottes"

„Traurigen Mutter Gottes". 1652 wurde die Kirche im Barockstil umgebaut und ist nach wie vor Wahrzeichen des Ortes. Die Pieta, das Bildnis mit der Mutter Gottes und dem verstorbenen Jesus im Arm, ziert noch heute ihren Hauptaltar.

Für uns war Jeruzalem ein beeindruckender Abschluss einer in jeder Hinsicht gelungenen Jagdreise auf Fasanen vor der Flinte im wunderschönen Slowenien.

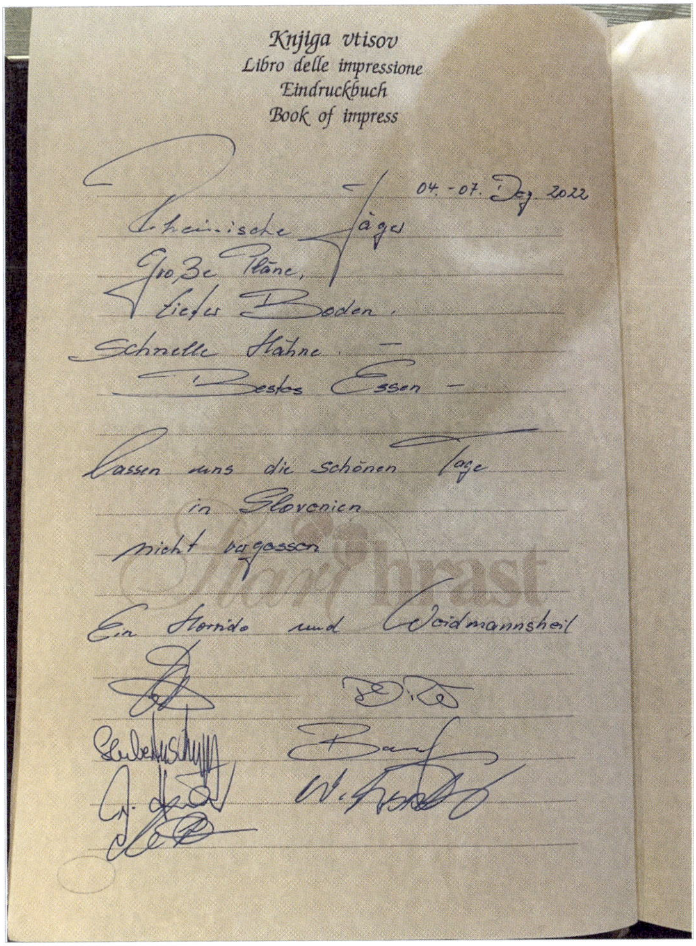

2022: Eintrag im Gästebuch

Nachwort

Vor zwei Jahren habe ich die Ehrennadel für meine 40-jährige Mitgliedschaft im Landesjagdverband Nordrhein-Westfalen erhalten. Nun bin ich nicht gerade derjenige, dessen Jagdhut mit allen möglichen Nadeln protzt, ganz im Gegenteil. Die Auszeichnung hat mich eher nachdenklich werden lassen. Rechnet man das ein oder andere Jahr des Jagens ohne Jagdschein hinzu, sind es inzwischen 45 Jahre gelebte und erlebte Jagd. Eine lange Zeit voller Erlebnisse, Geschichten und Erinnerungen. Unendlich viele kleine und größere Puzzleteile, die mein Jägerleben bestimmt und geprägt haben. Herausgekommen ist meine grenzenlos tiefe Passion für die Jagd. Welches nun das entscheidende Teil war, das das Bild vervollständigt hat, kann ich gar nicht sagen. Vielleicht war es wirklich Onkel Hubert? Oder doch meine Eltern, die mir so viel Freiraum ließen? Vielleicht war es meine erste Taube aus der Blaufichte am Bungalow im Park von Haus Pesch? Oder doch mein erster Fuchs am winterlichen Rosenkohl? Vielleicht sind auch noch gar nicht alle Puzzleteile zusammengesetzt? Auch heute noch mache ich neue Erfahrungen, gute und weniger gute. Auch heute noch bin ich neugierig und wissensdurstig und lerne ständig dazu. Und manches Mal werde ich auch heute noch auf der Jagd von besonderen Augenblicken überrascht, die mich zutiefst berühren und bewegen.

Wie groß ist die Sehnsucht, dieses erfüllende Lebensgefühl weiterzugeben! An meine Kinder, an meine beiden Neffen, die gerade den Jagdschein gemacht haben, an gute Freunde oder an die Jungjäger in meinem Hegering. Manchmal gelingt es, manchmal nicht. Sicherlich sind dafür nicht immer 45 Jahre erlebte Jagd notwendig. Sicherlich ist auch das eigene Revier mit jagenden Eltern keine Grundvoraussetzung. Manches Mal reicht ein kleiner Funke. Ein kleiner, unbedeutend scheinender Moment des Glücks, der das Leben als Jäger verändert. Aber diese Erfüllung finden wir nur auf der Jagd selbst, draußen in der Natur, gemeinsam oder allein, früher oder später.

Weitere interessante Bücher aus dem Jagd-Programm

Dirk Decker
Jagd-Reisefieber
Jagen mit Freunden in Europas Revieren
224 Seiten, 120 Abb., Format 170 x 240 mm
ISBN 978-3-275-02265-6
€ 24,90 / € (A) 25,60

Volker Pesch (Hrsg.)
Lust auf Jagd
Argumente – Standpunkte – Perspektiven
208 Seiten, 120 Abb., Format 170 x 240 mm
ISBN 978-3-275-02248-9
€ 34,90 / € (A) 35,90

Tanja Dautzenberg/Volker Pesch
Vom Jagdhund zum Jagdgefährten
Zeitgemäße Ausbildung für Jagd und Freizeit
208 Seiten, 200 Abb., Format 170 x 240 mm
ISBN 978-3-275-02279-3
€ 24,90 / € (A) 25,60

Gert G. von Harling
Wohin die Jagd mich rief
Abenteuergeschichten auf vier Kontinenten
160 Seiten, 80 Abb., Format 140 x 205 mm
ISBN 978-3-275-02233-5
€ 19,95 / € (A) 20,60

Änderungen in Preis und
Lieferfähigkeit vorbehalten

Überall, wo es Bücher gibt, oder unter
www.mueller-rueschlikon.de
Service-Hotline: 0711 / 78 99 21 51

Müller Rüschlikon